奇妙的
动植物世界

生物百科

会使用工具的动物

健 君 著

中州古籍出版社

图书在版编目（CIP）数据

会使用工具的动物 / 健君著 . — 郑州 : 中州古籍出版社 , 2016.9
ISBN 978-7-5348-6027-0

Ⅰ . ①会… Ⅱ . ①健… Ⅲ . ①动物—普及读物 Ⅳ . ① Q95-49

中国版本图书馆 CIP 数据核字 (2016) 第 055210 号

策划编辑：吴　浩
责任编辑：翟　楠　唐志辉
统筹策划：书之媒
装帧设计：严　潇
图片提供：fotolia
出版社：中州古籍出版社
（地址：郑州市经五路 66 号　电话：0371 － 65788808　65788179
邮政编码：450002）
发行单位：新华书店
承印单位：河北鹏润印刷有限公司
开本：710mm × 1000mm　1/16
印张：8　字数：99 千字
版次：2016 年 9 月第 1 版　印次：2017 年 7 月第 2 次印刷

定价：27.00 元

前 言 PREFACE

广袤太空，神秘莫测；大千世界，无奇不有；人类历史，纷繁复杂；个体生命，奥妙无穷。我们所生活的地球是一个灿烂的生物世界。小到显微镜下才能看到的微生物，大到遨游于碧海的巨鲸，它们都过着丰富多彩的生活，展示了引人入胜的生命图景。

生物又称生命体、有机体，是有生命的个体。生物最重要和最基本的特征是能够进行新陈代谢及遗传。生物不仅能够进行合成代谢与分解代谢这两个相反的过程，而且可以进行繁殖，这是生命现象的基础所在。自然界是由生物和非生物的物质和能量组成的。无生命的物质和能量叫做非生物，而是否有新陈代谢是生物与非生物最本质的区别。地球上的植物约有50多万种，动物约有150多万种。多种多样的生物不仅维持了自然界的持续发展，而且构成了人类赖以生存和发展的基本条件。但是，现存的动植物种类与数量急剧减少，只有历史峰值的十分之一左右。这迫切需要我们行动起来，竭尽所能保护现有的生物物种，使我们的共同家园更美好。

本书以新颖的版式设计、图文并茂的编排形式和流畅有趣的语言叙述，全方位、多角度地探究了多领域的生物，使青少年体验到不一样的阅读感受和揭秘快感，为青少年展示出更广阔的认知视野和想象空间，满足其探求真相的好奇心，使其在获得宝贵知识的同时享受到愉悦的精神体验。

生命正是经过不断演化、繁衍、灭绝与复苏的循环，才形成了今天这样千姿百态、繁花似锦的生物界。人的生命和大自然息息相关，就让我们随着这套书走进多姿多彩的大自然，了解各种生物的奥秘，从而踏上探索生物的旅程吧！

目录 CONTENTS

第一章　人类的近亲——黑猩猩　/ 001

历史起源　/ 002

生活习性　/ 007

人与黑猩猩　/ 011

最新研究成果　/ 019

价值与保护　/ 022

第二章　人类最直系的亲属——红毛猩猩　/ 025

红毛猩猩的形态特征　/ 026

红毛猩猩的生活习性　/ 029

红毛猩猩的祖先　/ 031

红毛猩猩的现状　/ 032

红毛猩猩遇到的威胁　/ 036

拯救红毛猩猩　/ 039

第三章　爱吃素的大猩猩　/ 045

大猩猩的亚种分化　/ 046
大猩猩的种群现状　/ 055
大猩猩易患疾病　/ 059

第四章　把鼻子当作工具的大象　/ 063

体形巨大的大象　/ 064
非洲森林象　/ 072
亚洲象　/ 075

猛犸象 / 076
国家的象征 / 078
第五章 擅长筑巢的海獭 / 083
鼬科动物海獭 / 084
生活习性 / 086
种群状况 / 090

第六章　会“制造工具”的乌鸦　/ 095

物种类别　/ 096
乌鸦的智力　/ 099
乌鸦在中国文化中的形象　/ 102
乌鸦象征　/ 107
相关评价　/ 112
关于乌鸦的奇闻轶事　/ 114
我们错怪了乌鸦　/ 117

第一章
人类的近亲——黑猩猩

黑猩猩是人类的近亲，四大类人猿之一。它们是现存与人类血缘最近的高级灵长类动物，是黑猩猩属的两种动物之一，也是当今除人类之外智力水平最高的动物。由于黑猩猩和人类的基因相似度达98.77%（最近有些研究公布的数据为99.4%）。所以亦有学者主张将黑猩猩属的动物并入人属。黑猩猩原产地在非洲西部及中部。

历史起源

美国科学家在2005年9月1日出版的《自然》杂志上报告说，他们首次发现了黑猩猩的化石，为研究这种灵长类动物的进化过程提供了证据。与人类祖先不同，黑猩猩祖先的化石此前未被证实发现过。科学家曾认为，这是因为绝大部分黑猩猩都生活在西非和中非的原始森林里，那里的酸性土壤和高降雨量使化石无法保存。人类

祖先则生活在东非大裂谷等相对干燥的地区，这些地区有利于化石的保存，却不适合黑猩猩生存。

但是，美国康涅狄格大学的科学家最近却在东非大裂谷中找到了3颗黑猩猩的牙齿化石。据考证，这两颗切齿和一颗臼齿的“主人”生活在50万年前。

与这3颗牙齿化石一起被发现的还有两个早期人类祖先的分支——直立人和罗德西亚人的化石，这说明黑猩猩与这些人类祖先生活在同一时期。科学家认为，黑猩猩牙齿化石本身不会对研究提供太多的证据，但该发现说明，黑猩猩祖先生活的环境远比预想的范围要广泛，打破了黑猩猩只生活在森林中的概念。

黑猩猩的进化道路

在动物园里与黑猩猩对视，是一件有趣但也有点儿恐怖的事。我们可以立刻指出它与人的差别，但那与人相似的体形、灵巧的手指、生动的表情，又难以否认彼此的相似，不禁让人疑惑笼子的两边究竟是谁在看谁？明显的血缘关系使人类在自封为“万物之灵”后，慷慨地把各种猿类和猴子一概纳入“灵长目”之列。但人又终究难以抛弃自己唯一特殊的地位，单独为自己在人科中建立了一个“人属”，这个属中如今还活在世上的物种，只有人属下面一个孤零零的智人种。其他的人属成员都已经消失了，比如南方古猿、尼安德特人和北京猿人。

在过去的几千万年间，高等灵长动物家族开枝散叶，先后分离出了狒狒、猩猩、大猩猩等。人类的祖先与黑猩猩的祖先在大约

500万~600万年前分家，走上独立的演化道路，前者产生了我们，后者则在约300万年前分为两支，演变成现在的黑猩猩和倭黑猩猩。这两类黑猩猩都生活在非洲的森林里，喜欢几十只在一起群居，有着相当复杂的社会结构，会集体狩猎。它们是与人类血缘关系最近的动物，也是当今除人类之外现存智力水平最高的动物。有少数科学家主张，应当把黑猩猩从黑猩猩属中分离出来，与人属划归一属。甚至有极少数学者认为，在某种意义上，人类是第三类黑猩猩。

黑猩猩的智力水平

还没有哪只黑猩猩发表演讲或写文章论述动物权利问题，但它们有许多特点可视为“简化版的人性”，它们知道制造——不仅仅是使用——简单工具。很多人在电视里见过这样的场景：黑猩猩折取草叶或细枝进行加工，伸进白蚁巢穴引诱美食上钩。黑猩猩有感情，会为亲属的死亡感到悲伤，群体中其他的成员会慰问死者的兄弟。它们有自我意识，照镜子时知道里面那个家伙不是哪里来抢地盘的陌生黑猩猩，而正是自己；甚至还有移情能力，懂得设身处地揣测其他生物的想法，并据此做出自私或无私的行为。科学家成功地教会一只黑猩猩认识阿拉伯数字，它还会将数从0到9按大小顺序排列，并能记住多达5位的数字。有的黑猩猩经过语言培训后，能听懂几千个英文单词，并能借助键盘等工具“说话”。黑猩猩与人类幼儿在智力上的相似程度，显然比外表的相似程度更高。

形态特征

黑猩猩的脑袋大而圆，耳朵非常大，竖立在脸的两旁。它的眉骨较高，鼻小，两眼深陷，长着两片薄而大的嘴唇。全身除了脸部外，都披着黑黑的长毛，没有尾巴。黑猩猩的身高约1．4米，重量在60～70千克。它的前肢较长，直立的时候，可以垂到膝盖的下面。

黑猩猩的身体多毛，四肢修长且皆可握物，他们能以半直立的方式行走，也可以直立行走。

在有些人眼中，黑猩猩经常会和大猩猩混淆，但稍微仔细观察一下，就可以发现，它们是明显不同的。黑猩猩的体型远比大猩猩小。

黑猩猩的ABO血型以A型为主，有少量O型，也有M型、N型。

黑猩猩有48条染色体（24对）。

黑猩猩细胞色素C上的氨基酸顺序与人类的相同。

母猩猩怀孕期达两百三十天左右，一胎生下一子。

灵长目猿猴亚目窄鼻组人科的1属，通称黑猩猩，是人科中现存最小的种类，体长70~92.5厘米，站立时高1~1.7米；雄性体重为56~80千克，雌性体重为45~68千克；身体的毛较短，黑色，通常臀部有1白斑，面部灰褐色，手和脚灰色并覆以稀疏黑毛；幼猩猩的鼻、耳、手和脚均为肉色；耳朵特大，向两旁突出，眼窝深凹，眉脊很高，头顶毛发向后；手长约24厘米；犬齿发达，齿式与人类同；无尾。有黑猩猩和小黑猩猩（倭黑猩猩）两种。

生活习性

饮食习惯

非洲的热带丛林，气候阴暗潮湿，藤蔓交错，是黑猩猩的理想居住地。黑猩猩成群地在树上筑巢栖居。在路上行走时，黑猩猩经常用前肢的指关节着地，半直立地走路，只有在紧急情况下黑猩猩才双手悬空直立行走。黑猩猩常常四处寻找蜥蜴、野果、鸟蛋等食物，到处筑巢，到处为家。每天傍晚，它们一起用带叶的树枝搭建新居。

黑猩猩的食量很大，每天要用5～6个小时觅食，吃以香蕉为主的水果、树叶、根茎、花、种子和树皮等，有些个

体经常吃昆虫、鸟蛋或捕捉小羚羊、小狒狒和猴子，雄性获得的猎物允许群内成员共享。更有趣的是：黑猩猩善于将草秆捅进白蚁穴内，待白蚁爬满后抽出，抿进嘴里吃掉。黑猩猩在树上营造很简单的巢，但只住1夜便转移他处。较大的黑猩猩更近于树栖，也能用略弯曲的下肢在地面行走。黑猩猩有一定的活动范围，面积26～78平方公里，觅食区域往往是它们集中的地点。黑猩猩群与群间有往来，长久保持母子关系，分群后还常回原群探母，有午休习性。黑猩猩能辨别不同颜色和发出32种不同意义的叫声，能使用简单工具，是已知仅次于人类的最聪慧的动物。其行为和社会行为都更近似于人类，在人类学研究上具有重大意义。

黑猩猩的食性十分普遍，它们会利用不同的方法来获取不同的食物。黑猩猩会利用舔满口水的细枝来粘蚂蚁，并利用两块石器放置、敲开果实。黑猩猩有时会捕食一些猴类(如红疣猴、黑白疣猴)。黑猩猩在捕食猴类时会策划战术，由于黑猩猩无法在树上捕捉灵敏的疣猴，因此有一只黑猩猩会先从陆地上超过树上的疣猴群，而其他黑猩猩则会从树上将疣猴聚集并驱赶到埋伏地点。当陆地上的黑猩猩到达埋伏地点时，会在树下等候，此时其他的黑猩猩会堵住疣猴群的路，只留下一条有埋伏的通道，当疣猴进入这条路时，埋伏的黑猩猩会把疣猴赶到地上猎杀。

生长繁殖

雌性约在10岁达到性成熟，到30岁停止生育，每3~6年产一崽，怀孕期约为230~270天。幼崽需要哺乳3年，7~10岁的时候才完全独立。野外存活的寿命约为50岁左右，人工条件下可以达到60岁以上。

另外根据研究黑猩猩15年之久的法国人柯莉夫的研究结果，黑猩猩平时跟生病的时候吃的食物不一样，这就意味着黑猩猩会给自己治病。柯莉夫也注意到，黑猩猩吃金鸡纳霜（奎宁）的叶子治疗疟疾的时候，会跟沙子一起吃。经过研究，柯莉夫发现，金鸡纳霜加沙子的抗疟疾效果的确比较好。

地理分布

黑猩猩主要分布在非洲中部，向西到几内亚。小黑猩猩分布在刚果河以南，被认为是黑猩猩的亚种，栖息于热带雨林，集群生活，每群2～30只不等，由1只成年雄性率领。以往，在非洲赤道区都可看得到它们的身影，数量大约有100万~200万只，近年来由于非洲政经情况不稳定及栖息地日渐变小，黑猩猩正以惊人的速度减少，现在全球约10万只，因此名列华盛顿公约第一类保护动物，也就是濒临绝种动物。小黑猩猩的数量更小，只有约1.2万只。

人与黑猩猩

基因差异

基因组测序研究在媒体里反复地出现，让这样一些数字为普通公众所熟悉：人与果蝇共享60%的遗传信息，与老鼠的相似度是80%，与黑猩猩的相似度约为98.8%。两个人之间的基因最多相差1.5%，所以黑猩猩与人的相似程度令人惊讶。而事实上，人同黑猩猩间是可以互相输血的。仅仅1.5%的差异，就决定了一个在笼子外面，一个在笼子里面；一个办奥运会，一个在树上跳来跳去；一个研究哥德巴赫猜想，一个数到9就很了不起；一个可以长成奥黛丽·赫本那样，一个全身披满黑毛；一个大讲“人生而平等”，一个在医学实验室里受折磨。直立行走、复杂语言、科学和艺术、哲学和宗教……这些人特有的东西，其根源都可追究到这1.5%。而在这1.5%中，又究竟是哪些具体的差异，在黑猩猩与人之间划出了界限？

美国科学家已于2003年绘制出了黑猩猩的基因组草图，但还不够精确和完整。在将黑猩猩与人这样的近亲进行比较时，很难说哪些基因差异是真的差异、哪里只是数据误差。在2004年5月27日出版的英国《自然》杂志上，公布了对普通黑猩猩第22号染色体的测序。来自德国马普学会、日本理化研究所和中国国家人类基因组南方中心等机构的科学家说，他们联合进行的这次测序，所得的数据足够精确，适用于与人类基因组进行可靠的比较分析。

人类有23对染色体，黑猩猩有24对染色体，大猩猩也有24对染色体，例外的是人类，而不是黑猩猩。黑猩猩的第22号染色体，对应人类第21号染色体。对比显示，两者DNA序列上对应区域间单个碱基（遗传信息的“字母”）之间的差异为1.44%，即“单碱基置换”差异。这个结果基本上在意料之中，平息了以前的一些争论。这次测序的错误率是每一万个“字母”错误不到一个，因此比较黑猩猩与人的两条染色体时，由数据误差而产生的差异，在全部“字母”差异中不足1%。

但对比的结果更多的是意外，人和黑猩猩的基因组中，都有大片大片的“垃圾DNA”，它们不编码蛋白质，不会对生理功能起什么作用。以前人们猜想，人与黑猩猩的基因差异，可能大部分存在于基因组中的“垃圾地带”。也就是说，在真正起作用的基因中，两者的差异更小。然而这次研究显示，DNA序列有用部分的差异，并不比无用部分更少，至少在这条染色体上是如此。科学家检查

了231个被认为起作用的基因，其中83%存在差异，影响到他们所编码的蛋白质的氨基酸序列（蛋白质是氨基酸分子构成的长链），不过微小的差异不一定影响到蛋白质的功能，有显著结构差异的基因约占20%，有47个。黑猩猩的基因组总共约有30亿个碱基，第22号染色体上约有3300万个，占总量的1%左右。由此看来，如果基因差异在各染色体上分布均匀，那么人与黑猩猩可能有几千个基因存在显著差异。寻找决定人与黑猩猩之差别的关键基因的工作，将比预料的更困难。

比较还显示，两条染色体之间存在大量的“插入/删除”差异。“插入”是指一段DNA出现在一个物种的DNA里却不在另一物种的DNA里，“删除”意思是某一物种的DNA有一个片段丢失了，INDEL是两种差异的总称。黑猩猩的第22号染色体和人类的第21号染色体，INDEL差异的DNA片段多达6.8万个。大多数片段很短，只有不到30个“字母”长，但也有的长达5.4万个“字母”。INDEL差异导致人类第

21号染色体比黑猩猩第22号染色体多40万个“字母”，这意味着人和黑猩猩的共同祖先的染色体可能更长。在两者独立进化的过程中，黑猩猩的染色体损失了更多的DNA片段。

窥测局部带来的新发现，使科学家更加迫切地希望拥有准确而完整的黑猩猩基因组图谱，将它与人类及大猩猩等其他近亲的基因组进行比较。人与黑猩猩在生理和行为上的差异，也许并不是多少个基因的小小差异简单的累加，但对基因差异进行比较是不可缺少的基石。例如，负责此次测序的科学家正计划研究两个与神经功能有关的基因NCAM2和GRIK1，人类身上的这两个基因包含的一些大段DNA序列，在黑猩猩的版本中是找不到的，与此相关的分析将为研究人类脑部功能带来新线索。此前，科学家对一个在语言能力方面有遗传障碍的人类家族进行研究后发现，一个称为FOXP2的基因对语言运用至关重要。它使人类可以灵活地控制嘴和喉部的肌肉，发出复杂的声音。这个基因编码的蛋白质，在人和黑猩猩身上有两个氨基

酸的差异。一些科学家认为，这是人的语言能力远远超过黑猩猩的原因。而语言的产生与运用，是人类有效传递信息、积累知识、创立文明社会的重要基础。FOXP2可能不是唯一的语言基因，更多有关的基因以及它们对人类脑部进化的影响，还有待发掘。

人与黑猩猩的相同与不同，现在只是学术问题。将来的研究是否会带来伦理问题，尚不可知。如果把黑猩猩归入人属（或者把人归入黑猩猩属），是否要承认它们具有一定的权利？捕捉、囚禁、医学实验，许多行为加之于人是可怕的罪行，加之于黑猩猩却充其量只会在特定情形下违反动物保护法。如果用更亲近的眼光去看待黑猩猩，需要做出什么改变呢？而且这不仅仅是人类做出一些物质利益上的牺牲就能做到的事，有时还要面对更艰难的选择。比如许多医学研究要用到黑猩猩等灵长动物，有的要在与人类最接近的动物身上观察新药的效用和毒性，有的要寻找一些疾病的发病机理或相关基因。

相关研究

黑猩猩在生理上、高级神经活动上、亲缘关系上与人类最为接近，因此是医学和心理学研究，以及人类的宇宙飞行最理想的试验动物。但国际法律明文规定，不论任何理由、任何方式，都不能用猩猩科属的动物来做医学研究等试验。

黑猩猩是与人类最相似的高等动物，研究表明，一些黑猩猩经

过训练不但可掌握某些技术、手语，而且还能动用电脑键盘学习词汇，其能力甚至超过2岁儿童。然而研究人员无法训练它们用人类的语言大声讲话，这是为什么呢？1996年1月19日，美国科学家发现，黑猩猩被呵痒时也会笑，在笑的同时还呼吸，听上去就像链锯开动的声音，而人类在讲话或笑时，呼吸是暂时停止的，这是因为人能够很好地控制与发声有关的各部分隔膜和肌肉。科学家认为，能否讲话的关键在于神经系统对气流的控制，人类能讲话就是突破了这方面的限制，而黑猩猩却无此能力，这就揭开了黑猩猩不能讲话之谜。

有个惊人的事实：黑猩猩甚至会去吃它们的近亲——其他灵长目动物，如疣猴、狒狒等。它们甚至向同类不同群的黑猩猩发起进攻，从而得到领地和食物，类似于人类的战争。

科学家曾经进行过许多实验，观察黑猩猩是否具有智能。在一次实验中，人们在一间空房子的天花板上悬挂了一串香蕉，屋里放了几只空的木箱子，然后让一只十分饥饿的黑猩猩走进去。黑猩猩很快看到了香蕉，急着想把它吃掉，可却拿不到。正在黑猩猩团团打转不知道怎么办的时候，它发现了木箱子，于是就连忙将木箱子搬到香蕉的下面，站到木箱子上，结果还是够不着香蕉。它又搬来了一只木箱子，叠在上面，还是够不着，等到再叠上一只木箱子后，黑猩猩终于用手拿到了自己最喜爱的香蕉。这表明了黑猩猩是具有像人那样的智能行为，能够用判断和推理的办法来战胜困难。

黑猩猩可以使用“工具”。曾经有一个四脚断裂的小凳，附近放有一些铁锤、铁钉、木板等，黑猩猩可以使用铁锤把铁钉钉在小凳的断裂处，把破损的小凳修好。

科学家还做了另外一个实验，观察黑猩猩的“学习”能力。他们将各种大小形状不同的木块和一块刻有各种不同形状凹槽的木板放在一起，然后要黑猩猩将木块分别放入槽内。人们发现黑猩猩识别形状的能力很强，丝毫没有弄错。科学家还发现黑猩猩在4岁以前，学习能力比同年龄的小孩子要快些。可是等到4岁之后，黑猩猩由于语言匮乏，再也没有能力进一步去学习更多的东西了。

科学家研究认为，情感的产生跟动物的智力有关系，黑猩猩脸上能够表达多种情感，如快乐、不安和恼怒，但是表达的方式和人类有所不同。美国心理学家基斯和海意斯夫妇喂养了一只叫维琪的雌性黑猩猩，经过长期训练，这只黑猩猩学会了主人教给它的动作：摸鼻子、扬眉毛、拍手。它可以帮人点烟，而且不会灼烧人的手指，还会拧干湿衣、使用螺丝钻和锯。它还会用英语说“妈妈”“爸爸”“起来”“杯子”四个词。维琪坐在桌子上与主人一同吃饭，会使用汤匙和刀叉，津津有味地吃葡萄和香蕉。电话铃响的时候，维琪会拎起话筒发出低哼声，但却不会搭话。

最新研究成果

日本京都大学灵长类研究所的研究团队，让接受过数字训练的年轻黑猩猩与大学生比赛，考查瞬间记忆事物的直观记忆力，结果黑猩猩不论准确率或速度都略胜一筹，就连历经半年直观记忆训练的大学生也难以胜出。相关研究发表于2007年12月4日的美国科学期刊《当今生物学》。

主持该研究的京都大学教授松泽哲郎，在日本黑猩猩智能研究

领域享誉盛名。他说，包括科学家在内的绝大多数人，都认为人类的认知能力高于黑猩猩，但是实验结果证明其实不然，他本人也对此大感意外。

松泽哲郎让接受过数字训练的七岁黑猩猩阿优姆，以及另外两只五岁的黑猩猩，分两阶段与大学生比赛。第一阶段中，电脑会在画面不同位置显现出1到9九个数字，当受试者根据数字大小按下第一个数字后，其他数字就会变成白色方块，紧接着必须凭借记忆力根据数字大小依序按下其他数字。结果，黑猩猩的完成速度皆高于人类。

第二阶段中，电脑会瞬间显现出五个数字，然后立刻变成白色方块。当数字显现时间为0.7秒时，阿优姆以及大学生准确率均约80%，不过当秒数缩短为0.2至0.4秒时，阿优姆仍能维持约80%的准确率，而人类的准确率却滑落至40%。

据说少数人类孩童拥有像黑猩猩的优秀直观记忆力，但随着年龄增长会逐渐丧失，而年轻黑猩猩的表现也优于年长黑猩猩。松泽哲郎指出："此能力应该源自于在自然界必须一眼辨识出敌友或果实成熟等需求。人类可能为发展语言等其他能力，而在进化过程中慢慢丧失此能力。"

英国朴次茅斯大学的巴德教授对46只小黑猩猩进行认知能力测试，想了解它们对声音和物体等外界事物的情绪反应。研究人员亦曾对人类幼儿进行过相同的测试。

结果发现，接受饲养员特别照顾的幼年黑猩猩，比由父母抚养的同龄人类幼儿具有更高的认知能力，人类幼儿要到九个月大后才反超黑猩猩。

接受测试的黑猩猩饲养在美国亚特兰大耶基斯国家灵长类动物研究中心的猩猩保育室。巴德教授发现，这些黑猩猩比接受一般照护的黑猩猩更聪明、更快乐。她解释说："受到呵护的黑猩猩较少感到紧张，不用常常抱着'安慰毛毯'，它们与照护员的关系亦较好，较少出现摇晃身体这种习癖动作。"

她表示，研究显示，幼年黑猩猩就像人类一样，需要情感和身体的支持，才能长成完全适应环境的成年黑猩猩。

价值与保护

西班牙：西班牙的一个委员会向议会申请，要求立法保护黑猩猩的生存等权利不被人类侵犯，如果得到批准，世界上第一部黑猩猩保护法就将诞生。

联合国：联合国副秘书长、环境规划署执行主任阿希姆·施泰纳

表示，环境署将帮助刚果制订有关自然环境保护方面的法律、法规和指导方针。此外，新计划将重点加强反盗猎行动，阻止对珍稀猿类的非法捕杀。

聪明的黑猩猩、大猩猩、猩猩、长臂猿和黑猩猩属于类人猿，它们在动物界算得上是有智能的动物，尤其是黑猩猩，经过人类驯养之后，可以表达一些自己的感情，而且它的模仿能力也很强，智力水平相当于一个三四岁的孩子。

最近，美国有两位科学家对4只猎获不久的非洲黑猩猩进行了驯养，还对它们做了一次智力测验：在一所房子里，将4只黑猩猩用铁丝网相互隔开、在另一角放置了两个一模一样的箱子，参加测验的人分别扮演两种角色："欺骗者"和"友好者"。开始时，几个"欺骗者"从箱子里拿出香蕉开始吃起来，而几个"友好者"却从箱子里拿出香蕉给黑猩猩吃，然后让黑猩猩指出哪只箱子里装有香蕉。

黑猩猩为那些“欺骗者”指的全是空箱子，而它们为那些“友好者”指的却全是有香蕉的箱子。人们又进行了另外一个实验：不告诉黑猩猩哪个箱子里装着香蕉，“友好者”指的是有香蕉的箱子，黑猩猩吃到了香蕉。“欺骗者”指的是空箱子，黑猩猩上当了；有两只黑猩猩很快就知道该信任谁了。它俩对“欺骗者”的指点，先是不理不睬，过了一会儿，它俩逐渐明白，“欺骗者”指的是这只箱子，它就奔向另一只箱子去拿香蕉。看来，黑猩猩同人相处，已经可以辨别出不信任和信任之间的较复杂的关系，智力已经发展到一定的水平了。

第二章

人类最直系的亲属——红毛猩猩

红毛猩猩属猩猩科，是一种非常珍稀的灵长类动物。人们把红毛猩猩称作世界上最憨态可掬的哺乳类动物。红毛猩猩与大猩猩、黑猩猩一起常常被称为“人类最直系的亲属”。

红毛猩猩的形态特征

目前只在婆罗洲低地和苏门答腊有少量红毛猩猩存活。红毛猩猩全世界只剩下不到3万只。在马来语中，红毛猩猩的意思是“森林之人”。尽管印度尼西亚和马来西亚政府都出台了有关法律保护红毛猩猩，但是由于其生存环境正遭到农业生产和砍伐活动的破坏，加上人为捕捉和贩卖，有专家曾预言，如果不加以保护，在2020年之前，红毛猩猩可能会灭绝。

红毛猩猩是一种温驯、聪明有趣、喜欢恶作剧的动物。红毛猩猩与人类的行为极其相近，故被称作“树林里的妇人”。它们喜欢在树上吊荡，过着逍遥自在的日子。红毛猩猩在婆罗洲的原产地，被称为“森林之人”，只因它们特别喜爱在树上玩耍，并且长得十分像人。多年以来，红毛猩猩不断地被人从树林中捉出来，成为人类听话乖巧的宠物。

红毛猩猩全身长着红褐色的粗长毛发，只有脸部光滑无毛，上肢比下肢长，手足的拇指均很短，无尾。雄猩猩成年后，喉袋会渐渐松弛垂至胸部，脸颊两侧及眼睛上方会长出大块肉瘤般的赘肉，在人工饲养下，体重可达200千克左右，成为庞然大物。幼猩猩肤色金黄，成年猩猩则为深棕色。生活在苏门答腊岛上的红毛猩猩的肤色比婆罗洲红毛猩猩的肤色白一些。红毛猩猩双臂细长，双手长而窄，手和脚的拇指均呈相对状。红毛猩猩直立时高度可达约1.5米，血型几乎都是B型。

如有必要，红毛猩猩知道如何装出一副唬人的样子以保卫自己的领地。它往往用夸张的姿势吓退进犯者，比如嘴里发出轰隆隆的声音，似乎是为了宣告自己的存在和不可侵犯。红毛猩猩发出的这种声音，往往在几千米外的地方都能听到。红毛猩猩习惯于在白天觅食，每天夜里都要在离地12~18米的高处筑一个新窝。

红毛猩猩通常过着小群居生活，母猩猩带着数只小猩猩，而雄性则独自散居在附近，仅在发情时回到母猩猩的居住地。母猩猩很尽职地照顾后代，以至于非法捕猎者总是要先射杀母猩猩，才能顺利地捕获小猩猩。捕猎者将它们走私出口到世界各地，特别是东南亚各国以及中国的台湾。

红毛猩猩的生活习性

红毛猩猩的寿命约30年，大多居住在热带雨林及湿地林中，从高高的树冠部到较低的树枝都是它们的活动范围。夜晚，它们会于树上折取树枝铺设成简单的巢睡觉，而且每个巢只使用一次。它们在树上活动时，通常手脚并用缓慢地移动，在地上行走时亦是四肢着地。由于行动缓慢，它们每天仅移动约1千米，不垂直跳跃，和活泼敏捷的黑猩猩相比大异其趣。它们也不太爱发出声音，相当安静，尤其是成长后的雄红毛猩猩常静坐不动，像个大哲学家，因此马来语称之为“森林之人”。印尼的传说认为，猩猩是重新回到森林中生活的人类。它们害怕抓住后被迫去做苦役，所以假装不会说话。它们通常聚成小群生活，群体的构成通常由母猩猩带数只小猩猩组成。公猩猩平时单独散居他处，仅于发情时才会前来与母猩猩交配，在交配完后就拍拍屁股走人，剩下母猩猩单独将小猩猩抚养长大。母猩猩在抚养期间，便不再和其他公猩猩交配，抚养的时间大概七年左右，因此一只母红毛猩猩一生顶多生三次。由于红毛猩猩数量本来就不多，再加上人类对森林的开发和乱抓红毛猩猩，使得红毛猩猩在原产地的数量已濒临绝种，因此红毛猩猩在国际上已受到严格的保护。

分布地区

红毛猩猩生活在婆罗洲和苏门答腊岛北部的热带山地森林、低地龙脑香森林、热带泥炭沼森林和热带卫生保健林中。现发现湿地森林环境生活着高密度的红毛猩猩群；苏门答腊岛北部则有大约9000只红毛猩猩存活，它们主要活动在一个国家公园的四周；另有约1.5万只红毛猩猩生活在婆罗洲岛，主要活动在八个隔离区。

印度尼西亚的苏门答腊岛是世界上密度最大的红毛猩猩聚居地，然而为了种植棕榈树，棕榈油企业大肆非法毁林，让世代栖息在这里的红毛猩猩面临灭绝的危险。

红毛猩猩的祖先

在泰国出土了1000多万年前的大猿化石，可能是红毛猩猩祖先的亲戚。事实上，这个化石只有牙齿，然而却像极了红毛猩猩的牙齿。化石发现者之一的法国Univ. Montpellier的Jean-Jacques Jaeger认为，它比其他的大猿化石更接近红毛猩猩。被命名为Lufengpithecus chiangmuanensis的大猿可能重约70千克，生活在1350万年至1000万年前北泰国的热带森林。伦敦自然博物馆的Peter Andrews认为这只是个开端，在东南亚还存在着许多物种。Lufengpithecus几乎可以确定不是红毛猩猩的祖先，而和1000万年前分布欧洲和中国的大猿有关，科学家还未能确定它们之间的关系。大多数红毛猩猩的已绝种亲戚只被发现头颅和牙齿，除了在巴基斯坦的Sivapithecus，它们的面貌酷似红毛猩猩，但其他方面则差异甚大。它们的骨骸显示，它们像狒狒一样四足行走。Univ. Illinois in Chicago口腔生物学家Jay Kelley警告，牙齿的比较并非是动物关系良好指示，因为很不一样动物也可以长出相似的牙齿。Kelly在南中国发现过Lufengpithecus 的另外两个种，他认为那些头颅长得不太像红毛猩猩，而且比泰国的该种年轻了几百万年。

红毛猩猩的现状

由于森林面积的减少和非法捕猎的猖獗，今天的红毛猩猩已经处于灭绝的边缘。据有关学者称，全世界目前仅存5万～6万只红毛猩猩，而它们中有超过3/4居住在苏门答腊和婆罗洲岛上。根据国际人猿基金会的历史数据，红毛猩猩的数量在整个东南亚曾经数以十万计，其中估计7000～7500只住在印度尼西亚苏门答腊岛上。在过去20年中，红毛猩猩赖以生存的森林林地约有80%被砍伐或者烧毁。现在，它已被世界保育联盟认定为严重濒危物种。从事野生生物保护的研究人员预测，若对偷猎活动和环境毁坏不加制止，全世界最大的野生红毛猩猩群将于10年后绝种。

曙　光

印度尼西亚和马来西亚两国正积极努力挽救这些动物，位于马来西亚婆罗洲的西必洛红毛猩猩康复中心正是一系列拯救计划的一部分。从1964年起，这个康复中心就开始搜救和保护红毛猩猩，教导幼年猩猩攀爬的技巧，今天的西必洛已经成为马来西亚旅游和环境发展部直属的野生动物保护机构。

人猿生存基金会

婆罗洲人猿生存基金会(BOS)也发挥着不可替代的作用。该组织成立于1991年，一些印度尼西亚的上层人士和荷兰皇室推动促成了这一组织的成立。其宗旨在于向公众介绍红毛猩猩，推动拯救和保护红毛猩猩栖息地，通过信息传播和教育宣传计划来提高公众对保护红毛猩猩的意识。在苏门答腊和婆罗洲的许多红毛猩猩栖息

地，都可以看到基金会的专家和雇员的身影，丹麦人劳娜正是其中之一。

婆罗洲尼亚鲁蔓藤

劳娜是基金会在婆罗洲尼亚鲁蔓藤的分支结构负责人，那里收养了3000多只灵长目动物，其中有上百只是幼崽。这些被救助的动物主要来自政府部门的解救和森林大火中搜救出来的幸存者。当地的农民为了种植经济价值较高的棕榈，不惜烧毁原有的森林。2005年8月，由当地土地占有者们蓄意点燃的一场大火，使得基金会收养的猩猩数量成倍增加。这些现实，令劳娜以及她的同事们痛心不已。

大火烧林的伤害

人们只需坐在直升飞机上飞一小圈，就可以把当地森林流失的严重程度尽收眼底了。昔日苍翠茂密的大片森林，如今不复存在，已然化作了如棋盘般规整的赭石色的或者绿色的一块块方格田。这是油棕榈植被的典型景象，油棕榈的大面积种植自20世纪60年代起在马来西亚开始得以流行，并且以迅雷不及掩耳之势蔓延到印度尼西亚等其他地方以及南美洲国家。世界银行和国际货币基金组织

(FMI)以及一些出口信贷机构所推出的多种多样的贷款服务和项目合作，激励当地人们大量种植这种农业作物，然而却没有预见到它所带来的毁灭性隐患。从1997年到1998年间，70%的大型火灾都是土地开发商们为了缩减开垦土地的成本费用而蓄意点燃的。事情败露之后，他们非但没有被有关当局逮捕，还继续采取这种毁灭性的手段牟取巨额利润而不受任何惩治。森林，猩猩们赖以生存的栖居所，正被大火侵吞。

大火使得森林中的许多猩猩产生脱水，得上呼吸道疾病并且食物匮乏，甚至留下永远的伤害。尼亚鲁蔓藤猩猩保育中心的工作人员在大火后拯救受伤的猩猩，将它们转移到安全的地区，收养那些成为孤儿的幼崽，而这些努力在不法分子的大火面前显得很无奈。

令人们感到欣慰的是，当地政府和一些国际机构都看到了问题的严重性，例如2006年底，美国与印尼政府在打击非法的原木砍伐活动中达成一致，并签署了协议，希望通过这些努力，能最终保住红毛猩猩最后的家园。

红毛猩猩遇到的威胁

动物走私犯罪

红毛猩猩面临的另一个巨大威胁，就是动物走私犯罪。如今珍稀动物走私已成为世界第三大跨国犯罪活动，它像毒品和军火一样

有自己庞大的体系。另一个动物物种资源极其丰富的国家巴西调查发现，每年从巴西被盗卖的动物高达3800万只左右，这些动物大多流入发达国家的黑市，经加工变成各种奢侈品、补品或者被当作有钱人的宠物。这些盗卖分子的黑手没有放过可爱的红毛猩猩，每年都有约1000只红毛猩猩被职业的偷猎者、走私犯，甚至农场的工人偷偷地盗卖出国。泰国、我国台湾地区以及其他的一些亚太地区都有红毛猩猩的黑市。CNN的记者最近发现，在印尼的黑市上，只需要合人民币约1.6万元就可以得到一只可爱的红毛猩猩，而当地的居民对此习以为常。

泰国娱乐用品公司

泰国的娱乐用品公司企图为顾客们提供有生命的长毛绒玩具，使其成为走私幼猩猩最终的大买家。他们滥用濒危野生动植物种国际贸易公约(CITES)所颁发的执照，通过对海关进行贿赂，以及其他的暗箱操作，长期从事这样肮脏的生意。2003年9月，100多只非法走私入境的猩猩在曼谷城郊的一处大公园——萨法里世界被发现。在那里，它们在进行拳击比赛的表演，引来大量路过的游客驻足观看。

私养宠物

如果说这样半公开的表演伤害了红毛猩猩，那么那些偷偷饲养

红毛猩猩为宠物的事情就更无法统计了。在国际走私市场上，红毛猩猩不是最贵的，比它还贵的例如金刚鹦鹉、巨蜥以及一些珍稀的鱼类高达上万美元。这些动物被当作宠物收养在一些私人的动物园，甚至就是在稍微宽敞一点儿的庭院里。收养者自以为爱好动物，但动物保护主义者认为，这样的收养行为助长了走私犯的猖獗，培养起一个巨大的全球范围内的动物走私黑市。这样的收养行为十分隐蔽，仅有少数行为会被揭发出来。对于类似的事情，基金会的专家们也十分无奈，他们只能通过不断的呼吁来教育人们停止非法饲养红毛猩猩的行为。

拯救红毛猩猩

台湾走私事件

2000年，人类进入光明灿烂的千禧年，不过，在千禧年当中，台湾却发生了两件使人深思的野生动物保育事件。其中之一就是在7月11日，高雄海关发现一艘来自越南的渔船，船上有17只刚出生不

久的黄金颊长臂猿、猪尾猕猴和截尾猕猴等保育类小猿猴。它们弱小的身躯塞满了小鸟笼子，双眼不时闪烁着慌张、惊恐的表情。它们怎么也想不到它们已来到一个距离家乡很遥远的陌生地方，从此失去了母亲温暖的怀抱。

另一个事件是在10月2日，高雄县警方在美浓镇一家山货店中，发现了一只台湾黑熊的四个断掌和一个猕猴的头颅。具有讽刺意味的是，动物学家已经很少在山区目睹台湾黑熊的行踪，如今这样罕见的保育类动物，却在一般老饕最爱的山货店中出现。这对于近几年各界推动的保育观念，无疑是当头棒喝，让保育人士需要加倍警惕。

这种不论是从外地走私保育类动物到台湾，还是在岛内违法贩售、宰杀保育类野生动物的案件，多年来都陆续发生过。例如，15年前就曾发生过一阵小红毛猩猩的走私热潮，而造成这些原产于东南亚婆罗洲热带雨林中的巨猿，成为台湾饲养热潮的始作俑者之一，竟然是一个在当时颇受欢迎、适合阖家观赏、富社会教育的娱乐性质的电视节目。在那个节目中，为了增加噱头，制作单位特别“聘请”了一只幼年的红毛猩猩担任“助理”，使得红毛猩猩在台湾一炮走红。

宰杀保育类野生动物

据估计，在此后的六七年当中，受到部分民众趋之若鹜的刺激，台湾的宠物市场约走私进口了近千只的红毛猩猩幼儿。不过，因为在自然状况下，新生的红毛猩猩会随时紧紧地抱在母亲胸前，受到母亲充分的照顾和呵护，因此，当在野外捕捉红毛猩猩的幼儿时，就必须先除去它的母亲和另外2到3只共同活动的成年或半成年的红毛猩猩。另外，因为这是犯法的走私行为，这些动物往往都被成堆地塞在很小的盒子中，在长时间缺食、缺水和四肢缺乏伸展空间的情形下，3/4左右的个体在运送途中就因为饥饿、脱水或相互攻击、

撕咬而死亡，真正到达台湾宠物爱好者手中的个体可能还不到200只左右。

换句话说，在那短短的数年中，台湾令人称羡的经济实力就造成了约5000只或更多的红毛猩猩消失于它们热带雨林的家。对于这样一种野外族群数量已不超过1万只的濒临绝种的动物而言，台湾的“消费”能力实在令人汗颜！即使是那不到200只幸运抵达台湾的个体，超过一半以上也都在饲主没有经验和对动物没有充分了解的情形下，因为不当的照顾而死亡，死亡的原因多半为长期严重的营养缺乏或传染性疾病，例如感冒、肺炎、肺结核、肝炎等。

更具讽刺意味的是，那些少数侥幸存活到今天的红毛猩猩，到现在已经10多岁了，也因为生理和体形的逐渐成熟，都将难逃被饲主抛弃的命运。因为，许多当年为了好奇、时髦而购买红毛猩猩的

民众，都不知道这个可爱、无助又黏人的小家伙可以活到四五十岁，甚至长成100千克以上的庞然大物；也不知道它们的力量是人类的7到10倍以上；更不知道它们其实是一种非常聪明而且不甘寂寞、破坏力极强的动物。

虽然目前岛内饲养红毛猩猩的热潮已经消退，大量走私的诱因也消失了，但随之而来的弃养风潮，势必又将造成台湾社会另一波的负担。

事实上，包括红毛猩猩在内的所有猿猴类动物，都不适合作为宠物，除了前述长成之后随之而来的问题外，也因为它们与人类同属灵长目，在血源上极为相近，因此在疾病和寄生虫的感染上，也会有相当的互通性，长期密切接触对双方都不好。而对大多数的人来说，所有的野生动物都不会是理想的宠物，因为大家对这些动物的生活习性都不够了解。据估计，岛内约有上万只的猕猴、红毛猩猩、长臂猿、老虎、熊、鹦鹉、变色龙、巨蜥、象龟等野生动物被人当成宠物饲养着，而这些均肇因于台湾人争奇斗艳饲养宠物的不当风气。同时，我们已经可以预见未来这些动物遭弃养的问题了。

如今，又出现了一批走私的小猿猴，是不是代表着新一波的猿猴走私热潮来临呢？如何构建好台湾保育工作的完整网络，与其他地区合作，共同阻止野生动物的走私，防止这类悲剧再次发生，值得大家深思。不过，就像英国文学家狄更斯在著名的小说《双城记》所说："这是最坏的时代，也是最好的时代。"台湾在千禧年虽然发生17只小猿猴走私和台湾黑熊被断掌的事件，但是希望"危机就是转机"，或许在大家的努力下，这些小猿猴有一天会回到自己的家乡，同时，不再有更多的小猿猴被迫离开广阔的大自然，离开自己母亲温暖的怀抱。

第三章

爱吃素的大猩猩

大猩猩是灵长目猩猩科大猩猩属类人猿的总称。大猩猩是灵长目中最大的动物，它们生活在非洲大陆赤道附近的丛林中，食素。直到2006年为止，依然有大猩猩分一种还是两种的争论。大猩猩92%至98%的脱氧核糖核酸排列与人一样，因此它是继黑猩猩属的两个种后与人类最接近的现存的动物。过去，大猩猩曾被认为是一种幻想的生物。最早描写大猩猩的是1847年美国传教士和自然学者托马斯·塞维奇。著名的大猩猩研究者有黛安·福西等。

大猩猩的亚种分化

传统上，大猩猩本身是一个种，并分了三个亚种：西部低地大猩猩、东部低地大猩猩和山地大猩猩。近年来一些学者将大猩猩属分为两个种：西部大猩猩和东部大猩猩。西部大猩猩又分两个亚种：西部低地大猩猩和克罗斯河大猩猩。东部大猩猩也分两个亚种：东部低地大猩猩和山地大猩猩。有人甚至认为大猩猩共有五个亚种（还有布恩迪山脉的山地大猩猩）。迄今为止这些争论还没有定论，各个大猩猩群之间的亲属关系依然是研究对象。

外形特征

大猩猩是现存所有灵长类中体形最大的种，肩高1.3米左右，站立时高1.8~2.2米。雄性比雌性体大，雌性体重60~150千克，雄性体重130~280千克。大猩猩的平均体重210千克，是一个成年人的两倍多。

大猩猩的身体雄壮，面部和耳上无毛，眼上的额头往往很高，下颚骨比颧骨突出。

大猩猩的上肢比下肢长，两臂左右平伸可达2~2.75米，无尾，吻短，眼小，鼻孔大，犬齿特别发达，齿式与人类相同，体毛粗硬，灰黑色，毛基黑褐色。

大猩猩的毛色大多是黑色的，年长（一般12岁以上）的雄性大

猩猩的背毛色变成银灰色，因此它们也被称为“银背”，银背的犬齿尤其突出。山地大猩猩的毛尤其长，并有丝绸光泽。

大猩猩的ABO血型以B型为主，有少量A型。

大猩猩跟人一样，也有不同的指纹。

分布范围

大猩猩有东西两大栖息地域：西部的栖息地位于刚果、加蓬、喀麦隆、中非共和国、赤道几内亚、尼日利亚，通称西部低地大猩猩；东部栖息地位于刚果民主共和国东部、乌干达、卢旺达，通称为东部山地大猩猩。西部低地大猩猩主要生活在刚果低地的热带雨林中。东部山地大猩猩主要生活在刚果民主共和国、乌干达和卢旺达交界的维龙加山脉和布恩迪山脉中。

生活习性

大猩猩是白日活动的森林动物，低地大猩猩喜欢热带雨林，而山地大猩猩则更喜欢山林。山地大猩猩主要栖息在地面上，而低地大猩猩则主要生活在树上，即使很重的雄兽也往往爬上约20米高的树上寻找食物。大猩猩前肢握拳支撑身体行进，这一行走方式被称为拳步，行走时，它们四肢着地，前肢的支撑在指头的中节上。晚上睡觉时，它们用树叶做窝，每天晚上，它们做新的窝，一般筑窝的过程不超过五分钟。山地大猩猩的窝一般在地面上，低地大猩猩的窝主要在树上。

通常一个大猩猩的群体以一头雄兽为中心，数头雌性和幼仔组成。有些情况下，一个群中会有两头或多头雄兽，在这种情况下，只有一头雄兽（往往一头“银背”）为首，只有它有与雌兽交配的权利，其他雄兽一般为比较年轻的“黑背”。群的大小从2～30头不等，平均为10～15头。领头的雄兽有解决群内冲突、决定群的行止和行动方向、保障群的安全等任务。

大猩猩的群非常灵活，一个群往往会在找食物时分开。与其他

灵长目动物不同的是，雌性和雄性大猩猩均可能离开它们出生的群参加其他的群。雄兽约11岁后首先离开它们出生的群，此后它单独或者与其他雄兽一起生活，它们在2～5年后能够吸引雌兽组成新的群。

一般一个群可以延续很长时间，有时群内会爆发争夺首领地位的斗争，挑战的可能是群内一头年轻的雄兽或者外来的雄兽。受挑战的雄兽会尖叫、敲击胸部、折断树枝，然后冲向挑战的雄兽。假如挑战者战胜了原来的首领，它一般会将它前任的幼兽杀死，原因可能是正在哺乳的雌兽不交配，幼兽被杀死后不久，雌兽就又可以交配了。

假如一个群中，原来领头的雄兽病死或者意外死亡的话，这个群很可能分裂，群的成员会去寻找其他的群。

大猩猩的地盘性不是非常明显，许多群在同一地区寻找食物，不过一般它们避免直接接触。由于大猩猩的主要食物是叶子，因此它们寻找食物的途径相当短。原因是：第一，当地叶子非常多；第

二，叶子的营养量比较低，因此它们不得不经常休息。

大猩猩有不同的叫声，它们使用这些不同的叫声来确定自己群内的成员和其他群的位置，以及用来作为威胁的手段。著名的有敲击胸脯，不光年长的雄兽敲击胸部，所有的大猩猩都会敲击胸部，估计这个行为被用来表示自己的位置或者用来欢迎对方。

大猩猩与黑猩猩一样使用带刺的、含鞣酸的叶子来消灭肠胃中的寄生虫，它们不咀嚼地吃这些叶子，这些叶子可以将肠中的虫带出。大猩猩粗鲁的面孔和巨大的身材看起来十分吓人，但实际上，它们是非常平和的素食者。大猩猩大部分时间都在非洲森林的家园里闲逛、嚼枝叶或睡觉。它们虽常常用双足站立，但行走时仍是四肢着地。大猩猩虽然体大力大，但一般而言，它们是相当温和、善良、安静的素食主义者。只有受到攻击或围困时，才会捶胸咆哮，变成危险的反抗者，其实这是它们的自卫行为。

大猩猩天性怕羞，在美国的俚语中，“暴徒”“打手”的另一词意是“大猩猩”。美国科学家乔治•沙斯通过连续几个月的野外观察，认为与人类同属灵长动物的大猩猩并非“暴徒”，大猩猩尽管身躯庞大，却极为怕羞，从不主动攻击人，一旦碰到人就会躲开。不过，有一种情况例外，那就是当它的子女受到威胁时，大猩猩会毫不犹豫地猛咬对方，但是至今还未看到过一例有关大猩猩咬死人的报告。

大猩猩因脂肪堆积而肩膀宽厚，由于体型过于庞大，平时大多在地面上活动，不常爬树，睡觉时则在树上筑巢，巢都是临时建造的，用一次即废弃不用。

食性特点

大猩猩是所有人猿中最纯粹的素食动物。它们的主要食物是果实、叶子和根，其中叶子占主要部分。昆虫占它们食物的1%至2%，一般被吃掉的昆虫是植物上的昆虫，大都是被漫不经心吃掉的。成年的大猩猩每天平均需要约25千克食物，它们大多数醒着的时候是在进食。由于它们大量进食各种植性食物，使得它们的肚子往往鼓起。

令人奇怪的是，大猩猩几乎从来不喝水，它们所需要的全部水分都从所吃的植物中得到。它们特别喜欢吃香蕉树，多汁儿而且带点苦味的树心，对于大猩猩来说，是一种最好的食物和水二合一的食品。同时，它们靠吃竹子获取蛋白质。看来它们还是比较注意营养合理搭配的。

在动物园，饲养员主要喂食大猩猩各种水果、蔬菜，比如香蕉、苹果、大白菜等。不过大猩猩也不拒绝“荤菜”，肉、蛋、奶也吃得很香。大猩猩喜欢吃植物的果实、茎、叶，它们的前肢特别灵活，可以用前肢找到食物并把食物放进嘴里。更神奇的是，大猩猩还会清洗食物。抓起食物以后，它们会迅速地在水里清除泥垢和残留物，然后吃掉它。

生长繁殖

大猩猩是一夫多妻制，母猩猩的发情期很短，繁殖期不固定，是灵长目中除人类外孕期最长的，孕期8.5~9.5个月，约255天，每次产1仔，7~10岁性成熟，寿命30~50年。大猩猩两次生产之间的间隔典型为3~4年，新生儿体重约2千克，但是比人的婴儿发育要快，3个月后，它们就可以爬。

幼兽一般跟随母亲3~4年，在这段时间里，群里的领头雄兽也会照顾幼兽，但是它们不会去抱幼兽。雌兽在10~12年后性成熟（关养的雌兽早一些），雄性在11~13岁性成熟。一般大猩猩可以活30~50年，迄今为止的纪录是费城动物园中的一头大猩猩，它活了54岁。

大猩猩的种群现状

东非大猩猩主要分布于东非地区的乌干达、扎伊尔、卢旺达等国家死火山山麓被封闭的原始林带。据1979年调查，大猩猩的数量只有1000只左右，比此前调查的数量在20年间下降了许多。西非大猩猩主要生活在刚果、喀麦隆、加蓬一带，它们的毛色较东非大猩猩有些浅，呈棕褐色或黄褐色。野生的高山大猩猩现在所剩无几，

仅700只左右。它们被保护在国家公园内，由武装的士兵护卫着。可是，为了获取它们的头盖骨与毛皮，偷猎者仍然在猎杀它们。有的时候，大猩猩会落入为捕捉其他动物而设的陷阱，被意外抓获而危及生命。所有的大猩猩亚种均被列入华盛顿公约附录名单和世界自然保护联盟的红色名录之中。

科学家对尼日利亚西南部森林中大猩猩的分布状态进行了调查，确认该地区总计2443平方千米的15个森林保护区内存在该物种。科学家将独立收集的年度数据，根据不同保护区进行分类总结并且估计了建巢大猩猩的个体密度。研究结果显示，该地区的大猩猩呈低密度高分散分布，其中只有Eba和Ise两个森林保护区中大猩猩的分布密度显著大于0．20/km^2，研究区域内四个森林保护区中大猩猩的建巢数大于10。此外，在Ise森林保护区内，我们观察到大猩猩其他活动（例如观望行为、发声行为、取食迹象和粪便）的频次显著高于其他森林保护区。研究结果表明，残余且易于管理的大猩猩种群分布于该调查区域，建议采取适当的保护措施来保证它们的继续生存。

2010年3月和4月间进行山地大猩猩数量普查分析得出的数据表明，位于维龙加地区的山地大猩猩共有36个种群480只左右。普查的区域是三个相连的国家公园，即刚果的维龙加国家公园、卢旺达的火山国家公园和乌干达的姆加新加大猩猩国家公园。维龙加地区外，唯一有山地大猩猩出没的地区为乌干达的布恩迪国家公园。2006年统计，布恩迪的山地大猩猩数目约为302只，刚果某庇护所内还有4只人工饲养的山地大猩猩。据非洲野生动物基金会所述，目前全世界的山地大猩猩总数约786只左右。

尽管数目仍然不尽如人意，但是非洲野生动物基金会(AWF)的普查已经带来了好消息。上次维龙加地区的普查在2003年进行，当时

的数量估计只有约380只。AWF透露："目前的数据表明，这个区域内的山地大猩猩在过去7年内，数量增长了26.3%，平均每年增长3.7%。"国际大猩猩保护项目的奥古斯丁·巴萨波斯对非洲新闻在线说，山地大猩猩的数量已经有了显著的增长，30年前只有将近250只。他补充道："数量的增长要归功于刚果民主共和国、卢旺达和乌干达的政府和许多组织的大力支持和配合。"

大猩猩基因组测序完成

英国《自然》杂志刊登论文说，英国桑格研究所等机构研究人员完成了对大猩猩基因组的测序，分析显示它与人类基因组的相似程度为98%，在进化树上两者分离的时间约在1000万年前。令人感到惊讶的是，部分人类基因组与大猩猩基因组的相似性居然高于后者与黑猩猩基因组的相似性，并且一些之前认为对人类的独特进化很关键的基因，对于黑猩猩而言同样重要。

这一成果标志着科学界完成了对生物分类上“人科”中包括人类在内所有四个属的基因组测序。在分类学中，今天的人类属于灵长目人科人属智人种。分析显示，与人类分家最早的是红毛猩猩，它在约1400万年前与人类分离，其基因组与人类相似度约97%；随后大猩猩在约1000万年前分离，基因组与人类相似度约98%；最晚分离的是黑猩猩，时间在约600万年前，它的基因组与人类最为相似，相似度高达99%。

大猩猩易患疾病

大猩猩最怕的疾病不是癌症或者艾滋病，而是流感或由其他病毒引起的呼吸系统疾病。非洲人说，如果偷猎者是大猩猩的第一大杀手，那么呼吸道疾病就是它的第二大杀手。目前，大约有700只大猩猩活跃在非洲的乌干达和卢旺达境内。一项最新公布的研究结果表明，自1968年起，两国境内的约25只大猩猩都因感染了呼吸道疾病而气绝身亡，其死亡率仅次于因偷猎引起的死亡。为了防止这些

珍贵稀少的大猩猩感染上可怕的致命疾病，《新科学家》杂志建议人们在观赏大猩猩时远离它们，保持距离至少在7米以外，而且观赏时间不应太长，最好不超过1个小时。只有这样，才能减少人类将病毒传播给大猩猩的可能，使它们生活在一个相对安全的世界里。

与人的互相传染

一项最新研究显示，一些常见的人类病毒正侵袭濒危大猩猩。从1999年到2006年，西非的科特迪瓦暴发了五次呼吸系统疾病，科学家调查发现，几乎所有的濒危大猩猩都有染病的可能。结合所有的例子来看，染病的大猩猩都会有一个或两个病原体检查呈阳性——人呼吸道合胞病毒(HRSV)或者人类偏肺病毒(HMPV)。在发展中国家，这些病毒经常会引发呼吸系统疾病，是导致婴儿死亡的主要原因。“我们发现的这些病毒非常常见，”罗伯特·科赫研究所和德国马克斯·普朗克协会进化人类学研究所的野生动物流行病学家黎德兹说，“人体中的抗体几乎达到100%，意味着几乎所有人都已经接触过这些病毒。”很自然地，这些已经发展成熟的抗体与病原体进行抗争。这些事实直观地证实病毒是由人类直接传染给野生大猩猩的。“事实上，因为我们共有许多遗传的和生理的特性，所有的疾病可以侵袭我们，也同样能危害大猩猩。人类疾病可以侵袭大猩猩，包括那些很容易被传播，比如呼吸疾病或者腹泻引起的病菌，还有那些在环境中可以保留很长时间的病菌，它们有很高的传播率。”

疾病是互相传染的。病毒有的是由大猩猩传染给人类，有的由人类传染给大猩猩，这种情况由来已久。

1．在中非，埃博拉病毒在大猩猩和黑猩猩之间广泛传播，同样传染了吃感染病毒的动物的人。埃博拉和非典型肺炎可能最初是由蝙蝠引起的。

2．人体免疫缺损病毒(HIV)，即艾滋病病毒，起源于黑猩猩和其他灵长类动物。

3．大猩猩给人类带来了阴虱病。

4．脊髓灰质炎，也就是小儿麻痹症，很有可能是由人类传播给坦桑尼亚固北河国家公园的黑猩猩。

雅司病(一种热带痘疹状皮肤病)，是一种跟梅毒有关的疾病，但不是通过性交传播，是由人类传播给大猩猩的。

西非的大猩猩和黑猩猩因炭疽热暴发死亡，此病起源于牛群，虽然黎德兹提到这只是自然事件，并仅仅只存在于森林。

5．虽然研究和旅游将人类跟濒危大猩猩联系更紧密，但这也潜在地威胁到灵长类动物。“研究和旅游对大猩猩的保护有很多积极作用，因为这样可以减少这个地区的偷猎行为，并设立大猩猩自然保护区，才使它们幸存下来。”黎德兹补充道。

科学家们已经制定了准则，以减少大猩猩遭到传染的危险，并提倡其他人也这样做。比如，黎德兹和他的同事现在做研究时戴着面具，与大猩猩至少保持12千米远，并定期给他们的靴子消毒。

艾滋病

由法国蒙彼利埃市发展研究所病毒学家领导的研究小组，在喀麦隆南部野生大猩猩群中发现了一种与人类艾滋病病毒HIV-1的O亚型非常接近的猿类艾滋病病毒。这是科学家首次在大猩猩群中发现此类病毒。至今，科学家已经发现30多种非洲灵长类动物携带不同种类的猿类艾滋病病毒。

此前的基因研究表示，猩猩艾滋病病毒可能在100万年前就已存在，其从相关猴子病毒的变体上传染到猩猩身上，研究者猜测直到1930年，中非地区的人们开始捕杀和猎食猩猩，因此遭到传染，这引发出来传播最广的世界性流行病毒HIV-1型号，而另一种艾滋病毒HIV-2则只局限于西非，科学家猜测是由于20世纪60年代人们吃猴子肉所致。而对艾滋病毒来源更为关键的作用在于，猩猩虽然很多都带有猩猩艾滋病毒，但却没有像人类一样发生如此大规模的病变传播。

第四章
把鼻子当作工具的大象

大象是群居性动物，以家族为单位，由雌象做首领，每天活动的时间、行动路线、觅食地点、栖息场所等，均听雌象指挥。而成年雄象只承担保卫家庭安全的责任。有时几个象群聚集起来，结成上百只大象的大群。在哺乳动物中，最长寿的动物是大象，据说它能活60～70岁。当然，野生场所和人工饲养是不同的，后者的寿命短些。

体形巨大的大象

体形特征

大象，长鼻目，象科，通称象，是现存世界最大的陆生动物，平均每天能消耗75~150千克植物。尽管有一个巨型的胃和19米长的肠子，但是它们的消化能力却相当差。它们的主要外部特征为柔韧

而肌肉发达的长鼻和硕大的耳朵。鼻子具缠卷的功能，是象自卫和取食的有力工具。长鼻目仅有象科1科共2属3种，即亚洲象和非洲象以及非洲森林象。亚洲象历史上曾广泛分布于中国长江以南(最远曾达到河南省)。亚洲象喜欢群居，现分布范围已缩小，主要产于印度、泰国、柬埔寨、越南等国。中国云南省西双版纳地区也有小的野生种群。非洲象和非洲森林象则广泛分布于整个撒哈拉以南的非洲大陆，喜欢群居。

亚洲象肩高2.3~3.5米，体重4~8吨；非洲象肩高3.2~4.2米，体重5~11吨；非洲森林象平均肩高不超过2.6米，体重3.5~5.5吨。象头大，耳大如扇，四肢粗大如圆柱，支持巨大身体，膝关节不能自由弯曲。象的鼻长几乎与体长相等，呈圆筒状，伸屈自如；鼻孔开口在末端，鼻尖有指状突起，能拣拾细物。象的上颌具1对发达门齿，终生生长，非洲象门齿可长达约3.3米，亚洲象雌性长牙不外

露；上、下颌每侧均具6个颊齿，自前向后依次生长，具高齿冠，结构复杂。象每足5趾，但第1趾和第5趾发育不全，体毛稀疏，体色浅灰褐色。雄象睾丸隐于腹腔内；雌象前腿后有2个乳头，妊娠期长达600多天（22个月），一般单胎。非洲象，体形较大，耳大，鼻末端有2个指状突起；亚洲象，体形较小，体重较轻，耳小，鼻末端有1个指状突起。

区分公象与母象的办法：一般来说，亚洲象雄象长着伸出嘴外的象牙（也有个别的没有），雌象一律没有。非洲象雌雄都有象牙。

生活地带

象栖息于多种环境，尤喜丛林、草原和河谷地带。象群居，雄性偶有独栖，以植物为食，食量极大。在东南亚和南亚的很多国家，亚洲象都被人类驯养并视为家畜，可供人骑乘、表演或服劳役。

种 类

长鼻目曾有6科，在中古时期最为繁盛，其中5科由于气候变化和环境恶化以及人类捕杀已灭绝，现仅余象科1科2属3种动物。本目动物特征一如其名，鼻子长，鼻端生有指状突起，能捡拾细小物品。 象科包括2属3种动物，即亚洲象、非洲象和非洲森林象。象是现存最大的陆生哺乳动物，它的嗅觉和听觉发达，视觉较差。象的长鼻起着胳膊和手指的作用，能摄取水与食物送入口中。巨大的耳

郭不仅帮助它谛听，也有散热功能。雄性(非洲象雌雄均有)的长獠牙是特化的上颌门齿。亚洲象前肢5趾，后肢4趾，非洲象前肢3趾。

象是群居性动物，以家族为单位，由雌象做首领，每天活动的时间、行动路线、觅食地点、栖息场所等均听雌象指挥。而成年雄象只承担保卫家庭安全的责任，有时几个象群聚集起来，结成有上百只大象的大群。

俄罗斯彼尔姆市动物园一头名为“忠尼”的大象迎来了自己40岁的生日，从而成为世界上由动物园或马戏团豢养的最长寿的大象。 在哺乳动物中，最长寿的动物是大象，据说它能活60～70岁。当然野生场合和人工饲养是不同的，动物园中饲养的大象平均寿命普遍要比野外有所缩短，高发的抑郁症、结核病、心脏病成为动物园中大象的几大杀手。

大象如何交流

大象可以用人类听不到的次声波来交流，在无干扰的情况下，这种次声波一般可以传播约11千米，如果遇上气流导致的介质不均匀，只能传播4千米左右，如果在这种情况下还要交流，那象群会一起跺脚，产生巨大的“轰轰”声，这种方法最远可以传播约32千米。那远方的大象如何听到呢？总不能把耳朵贴在地上听吧？其实大象用骨骼传导声波，当声波传到时，声波会沿着大象的脚掌通过骨骼传到内耳。大象脸上的脂肪可以用来扩音，动物学家把这种脂肪称为扩音脂肪，许多海底动物也有这种脂肪。

非洲象

非洲象分布于非洲西部、中部、东部和南部，北部的亚种于19世纪中期因人类的捕杀和栖息地丧失而彻底灭绝。

非洲象生活在热带森林、丛林和草原地带，是现存最大的陆生哺乳动物，群居，由一只雌象率领，日行性，无定居，以野草、树叶、树皮、嫩枝等为食。雌象的繁殖期不固定，孕期约22个月，每次产1仔，13~14岁性成熟，寿命约70年。北京动物园1951年开始饲养展出非洲象。

非洲象被列入濒危野生动植物种国际贸易公约。

非洲象是现存最大的陆生哺乳动物，它的体长6~7.5米，尾长1~1.3米，肩高3.2~4.2米，体重5~11吨。已灭绝的北非非洲草原象则小得多，只有2.4~2.6米高，重约4~6吨，体型与非洲森林象相仿。

非洲成年象很强悍。非洲象不论雌雄都有长而弯的象牙，性情极其暴躁，会主动攻击其他动物。非洲象没有被真正驯化过的纪录，因此很少作为家畜来饲养和使用。

非洲森林象

非洲森林象耳朵圆，个体较小，前足5趾，后足4趾（和亚洲象相同），象牙质地较硬。根据基因分析证明它和非洲草原象不是同一个种类。非洲草原象和非洲森林象有着明显不同的遗传特征，其外表特征也有很大的差别。森林象体形较小，耳圆，象牙较直且呈粉红色。过去在非洲雨林中还发现过体形更小的倭象，现在被认为是非洲森林象的未成熟个体，足下肉变大，更适应缺水的生活，非常

知道节约用水，而且会在沙漠中寻找水源。

非洲森林象生活在非洲的丛林低地，大约2.4~2.8米高，3.5~5.5吨重。它们的象牙是笔直地向下生长，而耳朵则呈椭圆形。历史上，非洲森林象居住在撒哈拉沙漠以南地区，由于人类侵犯和农业用地不断扩张，非洲森林象的栖息地仅限于国家公园和保护区的森林、矮树丛和稀树大草原。象群由一头50~70岁的老雌象带领，一般由8~30头大象组成。

母象的孕期大约为22个月（哺乳动物中最长的），每隔4~9年产下一仔（双胞胎极为罕见）。幼象出生时重79~113千克，大约到三岁时才断奶，但会同母象一同生活8~10年。头象和雌象一直生活在一起，而雄性非洲森林象在10~14岁青春期时离开象群。有血缘关系的象群关系比较密切，有时会聚集到一起形成200头以上的大象群，但这只是暂时性的。

雄性非洲森林象独居或形成3~5头的小象群，同雌性象群一样，雄性象群的阶级结构也很复杂。在雄象的活跃期，睾丸激素水平上升，攻击性加强，这时眼部分泌物增多，腿上会有尿液滴下。

大象的嗅觉和听觉都很灵敏，最近研究表明，大象使用次声波进行远距离交流。它们的食物主要包括草、草根、树芽、灌木、树皮、水果和蔬菜等。它们每天要喝90~150升水。非洲象的平均年龄在60~70岁。

亚洲象

亚洲象分布于中国云南省南部，国外见于南亚和东南亚地区。

亚洲象(又名亚洲大象)生活于热带森林、丛林或草原地带，群居，无固定栖地，日行性。它的视觉较差（主要是由于象的睫毛比较长，影响视力)，嗅觉、听觉灵敏，炎热时喜水浴，在早晨和黄昏觅食，以野草、树叶、竹叶、野果等为食。

雌象繁殖期不固定，孕期20~22个月，每次产1仔，9~12岁性成熟，寿命60~70年。北京动物园1951年饲养展出，1964年繁殖成功。

亚洲象是列入国际濒危物种贸易公约濒危物种之一的动物，也是我国一级野生保护动物，我国境内现仅存300余头。

亚洲象的智商很高，性情也温顺憨厚，非常容易驯化。在东南亚和南亚的很多国家（尤其是泰国和印度)，人们都喜欢驯养它们用来骑乘、服劳役和表演等。

猛犸象

猛犸象，古脊椎动物，哺乳纲，长鼻目，真象科，也称毛象(长毛象)。

猛犸是鞑靼语“地下居住者”的意思。它身强体壮，有粗壮的腿，脚生四趾，头特别大，在其嘴部长出一对弯曲的大门牙。一头成熟的真猛犸(猛犸有很多种,一般熟知的长长毛的叫真猛犸)，体高约3.3米，门齿长1.5米左右，体重可达约8吨。它身上披着黑色的细密长毛，皮很厚，具有极厚的脂肪层，厚度可达9厘米左右。从猛犸象的身体结构来看，它具有极强的御寒能力。 与现代象不同，它们并非生活在热带或亚热带，而是生活在北方严寒气候的一种古哺乳动物。猛犸象大小近似现代的象，但头骨比现代的象短而高，体披棕褐色长毛。猛犸象无下门齿，上门齿很长，向上、向外卷曲，臼齿由许多齿板组成，齿板排列紧密，约有30片，板与板之间是发达的白垩质层。猛犸象曾生存于亚、欧大陆北部及北美洲北部更新世晚期的寒冷地区。俄罗斯西伯利亚北部及北美的阿拉斯加半岛的冻土层中，都曾发现带有皮肉的完整个体，胃中仍保存有当地生长的冻土带的植物。我国东北、山东长岛、内蒙古、宁夏等地区也曾发现过猛犸象的化石。科学家认为，地球上的猛犸象是死于突如其来的冰期，使得其死亡后的尸体即遭冻结，故没有来得及腐烂，由于千百年来在地穴中受到冰雪的保护掩埋，故能完整地保存下来。在阿拉斯加和西伯利亚的冻土和冰层里，曾不止一次发现这种动物冷冻的尸体。

国家的象征

科特迪瓦的象征

大象是科特迪瓦的象征。一开始的“象牙海岸”只是南部地区的名称，因为那里有很多大象和象牙。在1893年3月，法国殖民者将这个名称正式推广为国名。那时候，欧洲人乘船过来主要是猎取当

时非常名贵的象牙，当然现在也很名贵。在国家独立之后，科特迪瓦人依旧保留了这个名称，并在国徽上使用了大象的图案。

2010年南非世界杯，科特迪瓦队就是穿着以大象为暗纹和队徽的球衣。

印度的象征

在印度，大象是一种颇受敬畏的动物。近年来，大象越来越受欢迎，在各种节庆活动中都会出现大象的身影。但一旦老得不能工作，大象又往往遭到象主人的嫌弃。近日，印度喀拉拉邦宣布在6月份开放印度首个“大象退休之家”，为工作了一辈子的大象提供一个安详而无忧的晚年。

人们经常用大象来代表印度，比如中国与印度经济上的竞争被称作“龙象之争”，而印度股市大涨是会被称作“大象狂奔”。

美国共和党的象征

19世纪70年代，在美国的《哈泼斯周刊》上，曾先后出现了政治漫画家托马斯•纳斯特的两幅画，分别以长耳朵的驴和长鼻子的象比拟美国民主党和共和党。后来，托马斯•纳斯特又在一幅画中同时画进了象和驴，比喻当时的两党竞选。自那以后，驴和象就逐渐成

为美国两大党的象征，两党也分别以驴、象作为党徽的标记。每到选举季节，海报和报纸铺天盖地是驴和象的“光辉形象”，竞选的会场上也时常出现充气塑料做的驴和象。

共和党人认为大象憨厚、稳重、脚踏实地，用大象的形象来代表本党再合适不过了，不过民主党人却借此讥讽共和党人华而不实。

相关趣闻

非洲肯尼亚进行的一项研究表明：非洲大象能辨认其它100多头大象发出的叫声，哪怕是在分开几年之后。

英国一所大学研究人员在位于肯尼亚的国家公园录制了一些非洲大象母亲用来进行联系的低频的呼声，这些声音是大象用来确认个体，也是用它组成一个复杂社会的一部分。在记录下哪些大象经常碰面，哪些互不交往后，研究人员把这些叫声放给27个大象群体听并观察它们的反应。

如果它们认识这发出叫声的大象，它们就会回应，如果不认识的话，它们要么干脆忽略，只是听而没有任何反应，要么变得易怒而且戒备。研究表明，它们能够分辨来自其他14个大象群体所发出的声音，所以研究人员认为，每头非洲大象能辨认其他100多头大象发出的叫声。

它们之间如何联络的记忆也相当持久，当把一头已经死了两年的大象的声音播给它的家庭成员时，它们仍然回应而且走近声源。

世界纪录

有记录的最大一头大象是一头1974年在安哥拉北部被捕杀的大象（在进行大规模捕杀大象的行为开始之前）。它重达约12.2吨，站立时从脚到肩的高度为约3.96米，从象鼻到尾部的长度为约10.7米。

还有一头大象于1978年在纳米比亚的达马拉兰市被捕杀，肩高约4.2米。最大的象牙纪录为长约3.5米，重约107千克。

世界上第一所大象医院2013年1月在泰国成立。

第五章
擅长筑巢的海獭

海獭属于海洋哺乳动物中最小的一个种类，是食肉目动物中最适应海中生活的物种。它很少在陆地或冰上觅食，大半的时间都待在水里，连生产与育幼也都在水中进行。大部分时间里，海獭不是仰躺着浮在水面上，就是潜入海里觅食。当它们待在海面时，几乎一直在整理毛皮，保持毛皮的清洁与防水性，以擅于使用工具进食而著名。科学家目前已辨识出三个不同的亚种，其中之一位于美国的加州，另二者皆位于阿拉斯加。在加州的海獭族群又被称为南方海獭或加州海獭，阿拉斯加族群则被称为阿拉斯加海獭。

鼬科动物海獭

形态特征

与鲸、海象、海豹等身体硕大的海洋哺乳动物相比，海獭算得上是小个子了。海獭属于鼬科动物，跟陆地上的黄鼠狼是亲戚，但它们比黄鼠狼大得多。一般成体的雄性海獭体长1.47米左右，重约45千克，雌性体长约1.39米，重约33千克。为了在水中生活，它们长着小小的脑袋，小小的耳壳，滚圆的躯体，牙齿宽大，齿尖短钝，适于咬碎猎物的硬壳。它前肢短小，专门取食和梳刷绒毛，后肢宽厚，第1～5趾依次延长，趾间有蹼，5趾连成鳍状。在游泳时，它用后肢交替地扒水，产生向前的力。它的尾巴呈扁平状，较长，约占身体的四分之一，游泳时可以当舵用，尾与后肢均已特化成专供游水的器官。

海獭毛皮茶褐色，质量极佳，价亦昂贵。海水的传热比空气要快4倍，而海獭没有像鲸那样厚厚的皮下脂肪层

可以保暖，它的皮下脂肪仅占体重的1.8%，但是海獭有一身厚厚的皮毛，每平方厘米有毛约12.5万根，同时皮毛上还有一层脂肪，即使在深水里也能滴水不透。

地理分布

海獭是稀有动物，仅产于北太平洋的寒冷海域， 由日本北部至堪察加半岛沿岸，往东经阿留申群岛与阿拉斯加湾南岸，沿北美太平洋海岸至加利福尼亚，常见于多岩石的海边。中国的海域中没有海獭这种动物。加州海獭的分布范围由加州北部往南到加利福尼亚。阿拉斯加海獭的分布范围自白令海西部的司令群岛，沿堪察加半岛东南部海岸至千岛群岛，最南达日本北部。另一亚种同样被称为阿拉斯加海獭，其分布范围由阿留申群岛与普里比洛夫群岛往东至阿拉斯加半岛，以及加拿大的卑诗省、美国的华盛顿州与俄勒冈州等地的海岸。

海獭栖息于多种海岸，其范围由岸石海底和海岸线至沙或泥质的海底，多生活于水深40米以内的范围，但经常会移动至更深的海域觅食或进行季节性的移动。

生活习性

生活习惯

海獭擅长潜水，经常潜到3～10米深处活动，有时潜到50米深的海底寻找食物，它们几乎不到陆地上活动，也从不远离海岸。与其他海兽相比，海獭的游泳速度算是比较慢的，每小时仅10～15千米。

海獭性喜群栖，白天常常几十个甚至几百个在海里嬉闹、觅食，到了晚上，有时睡在岩石上，但更多的时间是躺在漂浮于海面的海藻上。遇到海面大风暴时，它们就成群地跑到岸边躲起来。海獭与其他海兽相比，一般不做大范围的洄游，喜欢过定居生活。海獭是一个匠心独具的 “工程师”，当它上岸时，会把一块块石头搬来构筑一个个漂亮的巢穴。它那个细小的 “手”，非常会使用工具。

海獭睡觉的样子十分有趣。夜幕降临时，海獭会偶尔爬上岸来，在岩石上睡觉，但大多数时间，海獭会在海面睡觉。它们寻找海藻丛生的地方，先是连连打滚，将海藻缠绕在身上，或者用肢抓住海藻，然后枕着海藻睡觉，这样可避免在沉睡中被大浪冲走或沉入海底的危险。海獭的这种睡觉模式可以有效地抵御来自岸上的敌害和威胁。海獭睡觉时，如果受到敌害的来犯或者惊扰，大多数成员立即潜水逃跑，只有少数成员留下来，以探明引起骚动的原因。一旦发现确有危险，就用尾巴“噼啪噼啪”地猛击水面，以此作为报警信号，通知其他成员赶快潜逃。

海獭上岸后行动迟钝，凭借灵敏的听觉和嗅觉察觉危险。它的嗅觉十分灵敏，能够嗅到8000米外人吸烟的味道。要是有人从海滨走过，如果不经几次潮水把人留下的气味刷掉，它们就不会上岸。

这种灵敏的嗅觉有利于它们提前发现敌害。

海獭平时特别爱“打扮”，它的一生除了觅食和休息以外，就是用相当多的时间来梳理、舔舐自己，皮毛、头尾和四肢都不放过，连胸腹部这个“餐桌”也都洗得一干二净。它的这种“梳妆”是为了自己的生存，海獭全靠身上的皮毛起保护作用，如果皮毛乱蓬蓬的，或者沾上了污秽，海水就会直接浸透皮肤，把身体的热量散失掉，因而它就会有被冻死的危险。

饮食习惯

海獭的食物大部分是生活在海底的贝类、鲍鱼、海胆、螃蟹等，有时也吃一些海藻和鱼类。在水面进食时，海獭常采取仰泳姿态，有时以同样姿势携带幼仔出游。海獭是地球上食量最大的动物之一，通常一天要消耗其体重三分之一那么多的海鲜。换句话说，成熟海獭的体重大约是六七十磅，所以平均一头海獭一天就要吃十几磅甚至二十几磅的海鲜。

它们最喜欢吃的食物是海胆，但海胆的壳很坚硬，靠牙齿是绝对咬不开的，海獭就想出了一个很聪明的办法：它们在海底抓到海胆或其他软体动物以后，先把猎物挟藏在两个前肢下面松弛的皮囊中，游到水面后仰躺，把随身携带的约有拳头大的方形石块放在胸腹上作砧板，然后用前肢抓住猎物使劲往石头上撞击，撞击几下以后，看一下猎物的外壳是否破碎，若未破碎，则继续用力撞击，直到壳裂肉露为止。一旦发现壳敲破了，海獭便马上将里面的肉质部分吸食出来。吃饱之后，海獭把石头和吃剩的食物藏在皮囊中，即使海浪冲击也不会丢失。在这一点上，海獭胜过类人猿。有人统计，一头海獭在一个半小时之内，可以从海底捕获约54只贻贝，在石头上撞击约2237次。

生长繁殖

海獭实行一夫多妻制，雄海獭会在雌性与幼兽附近的水域建立自己的势力范围，在1个繁殖季中，可能会与数只雌海獭交配。在交配的过程中，雄海獭经常会咬雌海獭的鼻子，性成熟的雌海獭在繁殖季期间鼻子会充血，较老的雌性会有明显的伤痕。雌海獭终年可生产，海獭的繁殖比较缓慢，5年才有一胎，通常一胎只有一只，双胞胎和三胞胎是极为罕见的。在加州，大多数幼兽在12月至隔年2月间生产，而阿拉斯加族群的产期则多半为5月至6月。怀孕期约9～10个月，雌性会哺育幼兽约6个月，有时可达一年之久，之后便突然断奶并遗弃它们。

哺乳期间，雌海獭会照常觅食，幼兽约6个星期大时，即开始在浅水域学习如何觅食。据统计，每10只小海獭中只有1只小海獭在将来的时间里有本领扩展它的领地。由于人类的大量捕杀以牟取它珍贵的皮毛，海獭在过去处于濒临灭绝的境地。现在人类重视了它们的保育活动，海獭才增加到了几万头。

种群状况

历史保护

在1741年商业捕猎开始以前，海獭的分布相当广泛，估计当时的数量约在15万~30万只之间。到1911年由美国、日本、俄罗斯、英国协议通过国际协定禁止捕捉海獭时，海獭的数量已经减少到只剩下数千只。此后，在大部分区域海獭皆恢复良好，但到了1990至2000年间，因不明原因而造成数个族群的数量减少。1990年，阿拉斯加族群的数量估计约有1万只，但在20世纪90年代中、晚期，阿留申群岛一带的海獭数量急剧减少，真实原因仍不明，部分科学家认为可能是虎鲸捕食的结果。加州族群数量也在下降中，1995年估计约2377只，至2000年剩约1700只，在美国濒临绝种动物条例中被列为“受威胁种”，而在1977年的海洋哺乳类保护条例中列为“枯竭种”。它们的危机在于本身为小族群，加上受到渔网与加州中部海岸的原油外泄污染等威胁。20世纪80年代，加州南部曾有重建加州海獭族群的计划，但复育后野放的海獭不是回到中部加州的原居地，就是死于人为因素或失踪。同一时间，20世纪90年代早期于圣米高岛建立了小型的自然栖息地，至20世纪90年代晚期已有部分海獭沿加州海岸往南移动至康塞普申角。

近期状况

★ 数量骤减

海獭是鼬家族的一员，曾经广泛分布于环太平洋浅海地区。科学家相信，至今300多年前，曾有超过50万只海獭生活在太平洋中，包括被地理界限限定在加利福尼亚海的2万只亚种。但是从18世纪中期，商人发现了海獭皮毛的珍贵(海獭的皮毛是动物世界中最厚、最密实的皮毛)后，人们就一直在捕杀海獭，几乎使海獭灭绝。“到1900年，加利福尼亚的海獭仅存几千只。”加利福尼亚蒙特里湾水族

馆的海獭项目负责人Andrew Johnson说。这样直到1911年国际皮毛贸易协定禁止捕猎海獭后，海獭的数量才又慢慢回升。到现在，加利福尼亚的海獭数量已有2800只左右。尽管海獭的数量增加了，但是又有一个神秘的杀手威胁着海獭的生存。海滩上发现死亡的海獭数量正逐年递增，仅2004年前五个月就发现有135只海獭死亡。

★ 骤减原因

科学家对死亡的海獭进行了尸检后发现，造成海獭死亡的头号杀手是来自陆地上的微生物寄生虫。研究显示，最近死亡的海獭有40%是被陆地上的两种寄生虫感染而死的。其中一种是弓形虫，存在于猫的排泄物中；另一种是肉孢子虫，存在于鼠的粪便中。那么陆地上的寄生虫是怎样转移到海獭体内的呢？答案似乎在于猫和鼠都

排泄一种壳很硬的寄生虫，这些寄生虫可以在水中存活很长时间，这就使寄生虫有可能被从陆地冲到水中。“在靠近海边的地方，雨水可以将寄生虫冲到海里。”加利福尼亚戴维斯大学的兽医、生物学家Patricia Conrad说。

一旦到了海里，寄生虫将会逐渐集中在蛤、贻贝这些海獭最喜欢吃的生物身上。为什么呢？因为蛤、贻贝这些双壳贝生物通过过滤海水获得食物，它们通过壳来吸食水中漂浮的微小食物。如果这些水中含有寄生虫，它们就同食物颗粒一起被双壳贝吃掉，并吸附在双壳贝体内的组织上。这样，当海獭无意中吃了感染有寄生虫的双壳贝后，它身上也会有一定数量的寄生虫。一旦寄生虫钻进海獭的肠内，寄生虫将进入海獭的血液中，这会造成严重的感染并导致一种脑炎，正是这种脑炎致使海獭死亡。

生态价值

海獭是“海底森林保护者”，海獭死亡率的上升将会对海洋生态系统造成很大的影响，这是因为海獭是海洋生物链中的关键一环。“当海獭存在时，海洋生态系统看起来是一个样子；当它不存在时，海洋生态系统将会完全是另外一个样子。”

加利福尼亚的海洋生态系统以海草林为基础，那里的海草通常是长成茂密的一丛一丛的。“这些海草有的可以长得跟树一样高，它们可以从海底一直长到三四十米。” 生物学家杰姆·恩斯特说。这些海底森林为海洋生物提供了充足的活动空间和食物，很多年幼的鱼就是藏在海草中来躲避凶恶的肉食动物。

当海獭数量减少时，海胆数量将会无限制地增长。这会导致海草林这个海洋动物藏身之所的消失，因为海胆喜欢噬咬海草的根，而没有根，海草就会四散开来，并会被水冲走。这样，海胆就破坏了整个海草系统。

2012年9月，美国加州大学圣克鲁兹分校的研究人员发现，海獭能够控制海胆的数量，而这反过来促使了可吸收二氧化碳的海藻的繁茂生长。由于海藻可以通过光合作用来捕获碳，这也意味着，大气中的二氧化碳含量会因此减少。

所有的气候变化模型和提出的封存二氧化碳的方法都忽略了动物的作用。但全世界的动物在以不同的方式改变着碳循环，实际上这可能具有巨大的影响。

第六章
会“制造工具”的乌鸦

乌鸦是雀形目鸦科数种黑色鸟类的俗称，为雀形目鸟类中个体最大的，体长400～600毫米；羽毛大多黑色或黑白两色，黑羽有紫蓝色金属光泽；翅远长于尾；嘴、腿及脚纯黑色。乌鸦共36种，分布几乎遍及全球。中国有7种，大多为留鸟。

乌鸦，俗称“老鸹”“老鸦”，鸟纲，鸦科，全身或大部分羽毛为乌黑色，多在树上营巢，常成群结队且飞且鸣，声音嘶哑，杂食谷类、昆虫等，属于益鸟。

物种类别

乌鸦是雀形目鸦科数种黑色鸟类的俗称。鸦属有20多种称为crow，这一名称被广为借用。常见的乌鸦为北美洲的短嘴鸦和欧亚的小嘴乌鸦。小嘴乌鸦有两个亚种（有人认为是独立的种）：西欧和东亚的食腐鸦，分布于西欧和东亚之间、亦见于不列颠群岛北部的羽冠鸦。所有乌鸦身长均在50厘米左右，黑色带光泽。其他种类如家鸦，分布在印度到马来西亚（已引入到非洲东部）；热带非洲的斑鸦（即非洲白颈鸦）颈和胸白色；北美东南部和中部的鱼鸦。

乌鸦为杂食性，吃谷物、浆果、昆虫、腐肉及其他鸟类的蛋。虽有助于防治经济害虫，但因残害作物，故仍为农民捕杀的对象。乌鸦主要在地上觅食，步态稳重，喜群栖，有时数万只成群，但多数种类不集群营巢。每对配偶通常各自将巢筑于树的高枝上，产5或6个带深斑点的浅绿至黄绿色蛋。

中国的乌鸦种类

秃鼻乌鸦在中国东部至东北部广大平原地区的高树上筑巢，通体黑色，嘴基背部无羽，露出灰白色皮肤。白颈鸦在华北以南平原至低山的高树上筑巢，很少结群，体羽黑色，有鲜明的白色颈圈。寒鸦为中国北方广大山区和近山区常见的小型乌鸦，胸腹白色并具白色颈圈，余部为黑色，喜在崖洞、树洞、高大建筑物的缝隙中筑巢。大嘴乌鸦在中国东北以南的广大山区繁殖，体形较大，嘴粗壮，通体黑色。渡鸦是乌鸦中个体最大的，体长约60厘米，通体黑色，体羽大部分及翅、尾羽都有蓝紫色或蓝绿色金属闪光，嘴形粗壮，在西藏自治区海拔3000米以上的高原和山区岩缝中筑巢。秃鼻乌鸦、寒鸦、大嘴乌鸦为中国东部和北部城市内冬季的主要混群越冬鸟类。

生活习性

乌鸦为森林草原鸟类，栖于林缘或山崖，到旷野挖啄食物，集群性强，一群可达几万只。

除少数种类外，乌鸦常结群营巢，并在秋冬季节混群游荡，行为复杂，表现有较强的智力和社会性活动，鸣声简单粗厉，杂食性，很多种类喜食腐肉，并对秧苗和谷物有一定害处。但在繁殖期间，它主要取食小型脊椎动物、蝗虫、蝼蛄、金龟甲以及蛾类幼虫，有益于农作物。此外，乌鸦因喜腐食和啄食农业垃圾、能消除动物尸体等，对环境的污染起着净化的作用。乌鸦一般性格凶悍，富于侵略习性，常掠食水禽及禽类巢内的卵和雏鸟。

乌鸦繁殖期的求偶炫耀比较复杂，并伴有杂技式的飞行。雌雄乌鸦共同筑巢，巢呈盆状，以粗枝编成，枝条间用泥土加固，内壁衬以细枝、草茎、棉麻纤维、兽毛、羽毛等，有时垫一厚层马粪。每窝产卵5~7枚，卵灰绿色，偶有褐色、灰色细斑。雌鸟孵卵，孵化期16~20天。雏鸟为晚成性，亲鸟饲喂1个月左右方能独立活动。野生乌鸦可活13年，豢养的寿命可达20年。有的乌鸦经人工训练后可学人语并计数到3或4，还能在容器内找到带记号的食物。

乌鸦终生一夫一妻。

乌鸦的智力

加拿大蒙特利尔市麦吉尔大学动物行为学专家莱菲伯弗尔最近开始对鸟类进行IQ项测验，排列出各种鸟类的智商高低。莱菲伯弗尔主要从事智力及其在各物种中的进化过程研究，尤其对大脑的大小与智力之间的关系这一课题感兴趣。

据研究，乌鸦是人类以外具有第一流智商的动物，其综合智力大致与家犬的智力水平相当。这要求乌鸦要有比家犬复杂得多的脑细胞结构。特别令人惊异的是，乌鸦竟然在人类以外的动物界中具有独到的使用甚至制造工具达到目的的能力，即使人类的近亲灵长类的猿猴也不过只能使用工具（借助石块砸开坚果），它们还能够根据容器的形状准确判断所需食物的位置和体积，

“乌鸦喝水”的故事反映了其思维的巧妙。

到目前为止，莱菲伯弗尔的研究发现，世界上最聪明的鸟可能并非人们想象中的、可以学舌的鹦鹉，而是普普通通的乌鸦。不要对此大惊小怪，乌鸦很具创新性，它们甚至可以“制造工具”完成各类任务。在乌鸦当中，智商最高的要属日本乌鸦。在日本一所大学附近的十字路口，经常有乌鸦等待红灯的到来。红灯亮时，乌鸦飞到地面上，把胡桃放到停在路上的汽车轮胎下。等交通指示灯变成绿灯，车子把胡桃碾碎，乌鸦们赶紧再次飞到地面上取食。

但是仅仅一个例证，即使再具说服力，可能也不足以下结论。莱菲伯弗尔需要在世界各地，在各种物种间寻找更多的例证。

在奥托·科勒研究所工作的西曼研究鸟类计数能力，在一次实验中，他给一只寒鸦看一张标有5个点的小卡片，根据乌鸦的学习和计数能力，它应该正确数出5粒麦粒：将一排盖着盖儿的小盒子依次打开，把里面的麦粒啄出来，啄够5粒后离开。这次实验中，寒鸦在第一个盒子里找到一粒麦粒，在第二个盒子里找到两粒，在第三个盒子里又找到一粒，但是它数错了数目准备离开。在西曼已经记录“错误”之后，寒鸦又回到了盒子跟前，整个重复了一遍实验过程。

它在第一个盒子里啄了一下，盒子已经空了，但是它做了啄的动作。它在第二个盒子里空啄了两下，在第三个盒子里啄了一下，“好像在心里重新数了一遍”。之后它打开了第四个盒子，这个盒子是空的，接下来它打开了第五个盒子并啄出了一粒麦粒。

这种现象，西曼仅仅观察到了一次，之后再也没有在他的这只寒鸦身上看到过。

根据各个行为生物学家的无数次实验，可以证实乌鸦是可以数数到7的，其他个别几种鸟类也可以，这足以证实这种鸟的智力。如果以同样的方法叫人计数，给你一些没有规律杂乱排列的点，禁止去数而是去看，可以肯定人类也只能准确地识别7以下的数目。

乌鸦在中国文化中的形象

在唐代以前，乌鸦在中国民俗文化中是有吉祥和预言作用的神鸟，有“乌鸦报喜，始有周兴”的历史常识传说，汉董仲舒在《春秋繁露·同类相动》中引《尚书传》：“周将兴时，有大赤乌衔谷之种而集王屋之上，武王喜，诸大夫皆喜。”古代史籍《淮南子》《左传》《史记》也均有名篇记载。

唐代以后，才有乌鸦主凶兆的学说出现，唐段成式《酉阳杂俎》：“乌鸣地上无好音。人临行，乌鸣而前行，多喜。此旧占所不载。”

无论是凶是吉，“乌鸦反哺，羔羊跪乳”是儒家以自然界的动物形象来教化人们“孝”和“礼”的一贯说法，因此乌鸦的“孝鸟”形象是几千年来一脉相传的。《本草纲目·禽·慈鸟》中称：“此乌初生，母哺六十日，长则反哺六十日，可谓慈孝矣。”但乌鸦是否真的具有这种习性，还有待现代人的研究和观察证实。

东北区域

乌鸦是东北土著先民满族的民族预报神、喜神和保护神，也为萨满教和大多数通古斯语系民族认可，有“乌鸦救祖”（清太祖）的传说。另有清代文献也记载：布库里雍顺数世后，“其子孙暴虐，部署遂叛，于六月间将鄂多理攻破，尽杀其阖族子孙，内有一幼儿名樊察，脱身走至旷野，后兵追之，会有一神鹊栖儿头上，追兵谓人首无鹊栖之理，疑为枯木，遂回。于是樊察得出，遂隐其身以终焉。满洲后世子孙，俱以鹊为神，故不加害。”东北山民们进山打猎也有“扬肉洒酒，以祭乌鸦”的传统。

至清太宗时，专门在沈阳故宫清甯宫前设立“索伦杆”祭祀乌鸦，并在沈阳城西专辟一地喂饲乌鸦，不许人伤害。《东三省古迹逸闻》中载：“必于盛京宫殿之西偏隙地上撒粮以饲鸦，是时乌鸦群集，翔者、栖者、啄食者、梳羽者，振翼肃肃，飞鸣哑哑，数千百万，宫殿之屋顶楼头，几为之满。”清顺治帝入关后，亦在北京故宫内设立“索伦杆”，保持了人类对乌鸦的最高规格的崇拜。

西南区域

在中国西藏和四川一些地区，乌鸦也是被作为一种神鸟来崇拜的，无论是发掘的吐蕃文献还是西南地区的“悬棺”和“天葬”习俗，均证明这一点。

中原地区

武当山为道教宗祠，把乌鸦奉为“灵鸦”，并在山上建有乌鸦庙。“乌鸦接食”为武当八景之一，就是进山的游人，也要随身携带一些食品，散放给乌鸦来啄食。

总之，乌鸦虽然形象不雅，但在中国文化中仅限人们心理上的灰色影响，还不存在对它的特别排斥现象。

乌鸦在英国的形象

虽然乌鸦在中国现代的形象多为消极，但却被英国王室视为宝贝。这是因为英国有一种传说：如果伦敦塔里所有的乌鸦都离开的话，不列颠王国和伦敦塔将会崩溃。为了尊重古老的传说，现在的英国政府仍然负担开支，在塔内饲养乌鸦。相传只要塔内还有乌鸦，英格兰就不会受到侵略，反之，国家将会遭受厄运。为了确保这些乌鸦不会全都离开伦敦塔，它们其实已被剪除部分的羽翼而失去飞行能力。

乌鸦文化在世界的影响

和中国一样，乌鸦在国际上也是一个矛盾的文化形象。

消极形象：古希腊神话影响了南欧洲早期的文明。传说太阳神阿波罗与格露丝相恋，派圣鸟去监视格露丝的操守。一天，圣鸟看到格露丝与其他男子往来，以为她与其他男子有染，就回来向阿波罗报告，阿波罗一怒射杀了格露丝。而后证实格露丝并未和其他男子私通，阿波罗又怒贬圣鸟，令其洁白的羽毛变成黑色，这便是乌鸦的由来，乌鸦由此背上了欺骗的恶名。

积极形象：与南欧相反，在北欧，乌鸦却成为思想和记忆的化身。传说众神之主奥丁一只眼睛睁开可以观察到全世界，另一只眼睛则永远关闭着。当他睁开的眼睛被宇宙遮挡看不见的时候，就派站立他左右两肩的两只乌鸦去巡视天下，因此众神之主奥丁对天下的事情无所不知。在北美，加拿大的温哥华地区流传一个古老的传说：远古时代，一场毁灭世界的洪水过后，游弋在海滩的一只乌鸦发现了一个大贝壳发出奇怪的声音，原来里面是躲避洪水的人类。乌鸦就指引他们来到陆地，但他们却全是男人，乌鸦又去海边找到一只巨大的石鳖，下面藏着的全是女人。乌鸦把他们领到了一起，鼓励他们相互交流，并给他们招来日月星辰，带来火种、三文鱼和杉木，教会他们捕猎和耕作，引导人类一天天的进化和发展。

乌鸦象征

大多数人的观点

在古代巫书的记载中，乌鸦和黑猫一样，常常是死亡、恐惧和厄运的代名词，乌鸦的啼叫被认为是凶兆、不祥之兆，人们认为乌鸦的叫唤，会带走人的性命、抽走人的灵魂，因此乌鸦被人们讨厌。

因为乌鸦的嗅觉敏锐，能感受到腐肉的气味，所以会被认为是不祥之鸟。

乌鸦本是吉祥鸟

有一个军旅作家很有意思，她跑到四川西部去采风，突然发现有许多乌鸦。她在文章中惊奇地写道：“都说天下乌鸦一般黑，我看到的乌鸦，怎么嘴和脚是红的？难道这边的乌鸦变异了？”其实她看到的是红嘴山鸦，她要是再往海拔高一些的地方走，还有可能看到黄嘴山鸦，嘴和脚都是黄色的。如果她到河南省南部信阳一带去旅行，观察得精细一些，就有可能看到一种乌鸦，脖子是白色的，学名叫白颈鸦。

如果她喜欢看中国古代字画，又会发现，古人喜欢画“雪后寒鸦图”，上面的乌鸦，有些穿着白色的“小褂子”，有些与传统的乌鸦一样黑成一团。古代画家笔下的这种乌鸦，现代的学名真的是叫寒鸦，或者有的叫达乌里寒鸦。画家画寒鸦，大概既画了寒冷天气下的乌鸦，又画了寒冷天气下的寒鸦。这些画多半是在北方画的，南方很少有大雪，即使有大雪铺陈的地面，也很少那么空旷辽远，即使有块平地，也不一定有乌鸦云集。

乌鸦喜欢聚合的特点被用

来当成贬义词，比如“乌合之众”，就用来比喻没有组织、没有训练，像群乌鸦似的暂时聚集的团伙。《后汉书·耿弇传》就说：“归发突骑以辚乌合之众，如推枯折腐耳。”乌鸦和喜鹊、

灰喜鹊是比较抱团的鸟类，也是最擅长打群架的鸟类，面对任何可能的危险，它们都会互相呼应，快速聚集，为了共同的利益不顾个体的性命。

从这一点上可以看出乌鸦与喜鹊的同源。乌鸦和喜鹊都属于鸦科动物，都常在人类身边生活，它们和麻雀相似，是“亲人鸟”。乌鸦和喜鹊各自组成军团，有时候会为了地盘而大打出手。喜鹊成堆的地方，一般就没有乌鸦；乌鸦控制的地盘，一般也很少有喜鹊。

有人不喜欢乌鸦，早上出门的时候，要是第一眼看到喜鹊，就很高兴；要是第一眼看到乌鸦，尤其第一声听到乌鸦叫唤，就担心不吉利。要是有人说些担忧的话，就被讥讽为“乌鸦嘴”。可如果我们到中国的史料堆里去翻寻，也许我们会发现，乌鸦其实是挺正面的鸟类。

中国历来是讲“以孝治天下”的，为了配合“孝”的传统，古人发明了“二十四孝图”，列举了不同类型的孝子的行为方式，供社会借鉴。但这还不够，中国人的形意思维发达，字是形意的，诗是形意的，寓言故事也是形意的。对于喜欢象征和形意的人来说，把身边的常见物种，附会上某些特殊意义，是必然要做的事。

常见的鸟就被古人一一用上，鸿雁代表对远人的思念，杜鹃

（布谷、子规）代表旅人对家乡的怀想，麻雀、燕雀代表短视的小人，鸿鹄（鸿是鸿雁，鹄是天鹅）代表远大的志向和强大的才能。而乌鸦，则被附会上了一个美好的传说，不管是大嘴乌鸦、小嘴乌鸦还是秃鼻乌鸦，都用来笼统地喻示“孝顺”。

在儒家的诸多经典和传讲中，总喜欢说乌鸦“反哺慈亲”，意思是，乌鸦是孝顺的典型，当它们的父母年纪大了、老了、病了、厌倦世事了、无法觅食的时候，小乌鸦、年轻的乌鸦、儿孙辈的乌鸦，不但会给父母寻找食物，而且会把食物给弄得很可口，像人类吐哺以养育子女一样喂着老乌鸦。李密的《陈情表》之所以成为名文，与这一段很有关系：“臣密今年四十有四，祖母今年九十有六，是臣尽节于陛下之日长，报养刘之日短也。乌鸟私情，愿乞终养。”私人的尽孝，大于对朝廷的尽忠。

古代文人多半是些沉迷于想象中的人，如果我们非要用科学的态度去校正他们，反而显得我们犯了逻辑病和迷信科学病。科学上说，太阳上有黑子和耀斑，而中国的古代人把太阳称为“金乌”，一些古代画作，真的就画着太阳上面蹲着只乌鸦。古人认为太阳中有三足乌，月亮中有兔子，因此用“乌飞兔走”比喻日月的运行，时间的流逝；文人们形容太阳落山、月亮升起，也一定是“金乌西坠，玉兔东升”。

乌鸦还用来形容某个官职，最常见的是形容御史，御史府又被称为乌府，据说这是从汉代开始

的。《汉书·朱博传》：“是时御史府吏舍百余区，井水皆竭。又其府中列柏树，常有野乌数千栖宿其上，晨去暮来，号曰‘朝夕乌’。”

中国的古琴曲中，有一曲至今被弹唱的，叫《乌夜啼》。唐代诗人张籍写有《乌夜啼引》，诗前有“引”说：“李勉《琴说》曰：《乌夜啼》者，何晏之女所造也。初，晏系狱，有二乌止于舍上。女曰：‘乌有喜声，父必免。’遂撰此操。”张籍的诗是这样的：“秦乌啼哑哑，夜啼长安吏人家。吏人得罪囚在狱，倾家卖产将自赎。少妇起听夜啼乌，知是官家有赦书。下床心喜不重寐，未明上堂贺舅姑。少妇语啼乌，汝啼慎勿虚，借汝庭树作高巢，年年不令伤尔雏。”何晏是三国时期的玄学家，李勉是唐代的高官、宗亲，据说也是音乐家、制琴大师。后代的注释者指出，《清商西曲》也有《乌夜啼》一诗，宋临川王所作，“与此义同而事异”。

相关评价

不同的人眼里的乌鸦

在树林里，一个设陷阱的猎人看到一只乌鸦翻转身体，躺在雪地上，脚爪朝天，一动不动，它身边是一只死去的海狸的尸体；在悬崖上，一个生物学家费尽九牛二虎之力，试图接近一个乌鸦巢，一对乌鸦站在悬崖顶端，用嘴将小块的碎石往下拱；在遥远的乡村小屋，一只乌鸦不正常地呱呱大叫，它旁边是木屋的主人，此人被叫声警觉后，发现附近有一只掩藏许久的美洲虎，正准备向他扑来。

以上三个人都以为自己很清楚乌鸦的意图：在树林里下陷阱的人认为，他看到的那只乌鸦正在装死，别的乌鸦一旦来到，会以为它吃了中毒的海狸尸体也中毒身亡，会忌惮地离开，这样自己就能独享海狸尸体；在悬崖上的生物学家认为那对乌鸦用碎石攻击自己，保护鸟巢；那遥远木屋的主人认为乌鸦发现了躲藏的、居心叵测的美洲虎，因此大声鸣叫警告他。

这些假设对于一般人来说似乎很合理，但是如果是长期研究乌鸦的生物学家，就未必会接受这些表面上合理的说法，或者能提出更专业的解释。在所有鸟类中，由于具有出色的智商，乌鸦是最喜欢“游戏”的鸟类，它们经常会反身躺在地上，脚爪朝天，这样做仅仅是为了娱乐自己而已。在自己的鸟巢可能被袭击的时候，它们会在自己站的地方用嘴狠啄，但是这样做不是警告或者威胁袭击者，只是表示愤怒而已。乌鸦经常会以叫声引导大型哺乳动物去袭击那些它们自己无法战胜的猎物，这样自己也能分一杯羹，因此那只呱呱大叫的乌鸦很有可能是在提醒美洲虎对猎物的注意，而非对人类存有保护之心。

关于乌鸦的奇闻轶事

在很多时候，人们基本上都会相信乌鸦非常聪明，但是所有故事都没能提供证据支持乌鸦具有超乎寻常的智商。当然，人们已经观察到乌鸦能完成很多复杂的举动，例如：它们习惯将大块的、自己无法一次飞行携带的牛油或者羊脂分割成便于携带的小块；它们在发现散落的饼干后能用嘴将一块块饼干精确地垒在一起，然后一次叼走；如果看到地上有两个面包圈，它们能想办法处理一次带走，不留给其他鸟类机会；为了误导天敌，它们会制造一个假的储存食物的地方。但是以上诸多相对复杂的行为也不能说明乌鸦潜意识里具有类似人类的推理能力，能计划出两个行为方式，然后在其中选择一个较好的。还有很多观察结果也不能说明乌鸦具有简单的学习本能，也就是通过死记硬背而学会某个特定的动作。

直到上世纪90年代，一个经过仔细设计的科

学实验最终证明乌鸦具有逻辑推理的能力，这种能力相对人类而言是简单的、几乎是理所当然的，但是对于一种鸟类而言，几乎可以说是伟大的。那是1943年做的一个试验，设计人是当时德国柯尼斯堡动物学研究所的工作人员克勒。克勒的试验揭示，通过训练，他那10岁的宠物乌鸦雅各布可以数到7。他的训练方法是让雅各布从若干容器当中的一个容器下面取回食物，每个容器的盖子上面都标注着个数不同的点。不过，过去几年的有关研究最终提供了一些确凿证据，证明乌鸦的确是非常智慧的动物，因为它们能利用逻辑推理来解决问题。此外，研究者们还惊讶地发现，乌鸦能够辨别不同的个体，这种能力与人类的辨识能力十分相似，如果没有这种能力，人类就无法形成社会，最多只能形成类似昆虫那样的小群落。

乌鸦在想什么

动物不能向研究人员报告它们的思想，因此研究动物的精神状态总是困难重重。实际上，人类不知道其他动物在想些什么，也许永远不可能知道，甚至一些人不知道其他人在想些什么。然而，通过试验观察乌鸦行为能得出结论：乌鸦拥有某种智慧来引导它们的行为。拉绳取食的实验表明，乌鸦利用了逻辑推理；偷窃和反偷窃的策略表明，

乌鸦会根据竞争者的实际情况——它们是否看到自己埋藏食物——来判断竞争者的行为。然后，它们将所有信息综合，决策应该采取哪种埋藏和取回食物的策略。

乌鸦的确会学习

仅靠学习还不能解释研究人员观察到的所有行为，因为行动几乎在瞬间完成，没有经过任何反复试验的过程。科学家们推测，乌鸦天生遗传了游戏行为，在游戏过程中积累经验，这是它们能学习的前提。后来，学习转化为有意识的分析能力，即使用逻辑推理的能力。对于充斥着竞争者和食肉动物，情况复杂、难以预测的群居环境而言，逻辑推理能力非常有用。这种能力还可以创造出新的解决问题的办法，例如把系在绳索上的食物拉上来。

人们还不知道，乌鸦的这种能力在人类以外的动物中有多么不同寻常。但科学家们怀疑，虽然这种能力在动物身上并不罕见，但一般局限于特定任务，因为动物所处环境不同，潜在的本能和学习倾向相去甚远。然而，与大部分其他动物相比，乌鸦的这种能力更加全面。之所以这样认为，是因为其他鸟类都不能像乌鸦那样游戏，也就无从接触如此变化多端的偶然因素，进而获得“智慧”。可能正是这种能力，使得乌鸦成为世界上自然分布最广泛的鸟类。它们与人类一样，足迹遍及全世界的各个角落。

我们错怪了乌鸦

在17世纪法国著名寓言诗人拉•封丹的笔下，一首脍炙人口的寓言诗《乌鸦和狐狸》，把乌鸦描绘得令人生厌：它是一个窃贼，而且很虚荣，自命不凡，禁不起狡猾的狐狸的甜言蜜语，吃了大亏。

拉•封丹大师如果活到今天，他会听到一个声音："不！拉•封丹先生，你错怪乌鸦了！"

站出来为乌鸦证明的，是在法国巴黎自然博物馆工作的鸟类学家居伊•雅里先生。经过长年的细心观察和潜心研究，他得出结论：尽管乌鸦对农作物有一定的危害，在法国被列为害鸟，应适当限制它们的数量，但从生物学意义上来看，乌鸦是一种可爱的鸟，它聪颖、喜好运动、性情开放、对爱情专一。

居伊•雅里先生自幼对鸟儿有着浓厚兴趣。他18岁时就捕过乌鸦，那时是为了在它的爪子

上套上一个环标，以便跟踪研究。他打开博物馆的贮藏室，从一个大抽屉里拿出一只乌鸦标本，展开翅膀就像一把黑色的雨伞。“这是一只秃鼻乌鸦的标本。你们看，它的羽毛多么漂亮，闪闪发亮，紫里透着淡蓝。看它的面庞，多么温顺宽厚。”

乌鸦忠于爱情，十分专一，雌雄一对相伴终生，最长寿的能活到庆祝它们的珍珠婚（30年）。乌鸦幼年就结为“夫妻”，雄乌鸦求偶的方式很特别：当它寻找到中意对象时，便轻柔地呱呱叫着；而雌乌鸦为了证明自己已经堕入“情网”，便张开口等着雄乌鸦喂食——或是一口嚼烂的幼虫，或是死亡动物的内脏。雄乌鸦很勤劳，常常任劳任怨地帮助雌乌鸦搭窝筑巢。在雌乌鸦抱窝期间，雄乌鸦负责觅食喂养它。只是到了交尾时，雄乌鸦才一扫平日献殷勤时的风度，两只爪子并拢，跳到雌乌鸦的背上，啄它的头部。喜结良缘之后，乌鸦大部分时间生活在乌鸦群里。

乌鸦的习性是群居，一群乌鸦一般有几十只，多的时候达几千甚至上万只。在法国，冬季里创纪录的一群乌鸦多达12万只，其中80%是候鸟。它们不远千里，从冰天雪地的俄罗斯飞来。不过，当大批的乌鸦群出现在农村和城市，与人类抢夺粮食、争夺空间时，也会带来麻烦。新加坡市内，曾栖落过十几万只乌鸦，当局派出武装巡逻部队，向空中鸣枪驱赶。乌鸦并不笨，它们很快就察觉巡逻车的方位，及时躲避，它们还能估计出子弹的射程高度。于是，它们飞得略高一些，子弹根本伤不着它们的一根毫毛。

乌鸦每天的活动很有规律，夜

间，它们栖息在田边的小树丛里。天亮以后，成双成对的乌鸦便去“视察”它们的巢。鸦巢通常筑在大树（主要是杨树）的最顶端。几百只乌鸦巢汇聚在一起，构成一个地地道道的乌鸦村。乌鸦只需几分钟的工夫，就叼来细树枝，加固它们的巢穴。当选中的一根树枝太粗，用嘴叼不折时，乌鸦就会猛地窜上去，用爪子抓住树枝，身体直立，如此反复，一直到利用惯性把树枝折下来为止。由于日复一日地加固，在乌鸦“结婚”的十个年头上，它搭的窝可以高达50厘米。

在加固了自己的窝以后，它们开始去觅食。乌鸦是杂食动物，能吃它们找到的任何食物，善于根据季节调整食物结构。在人类的播种和收获季节，它们饱餐种子和粮食；冬季，则以各种昆虫的幼虫充饥。乌鸦头脑灵活，总是能找到新的食物。它们忽而落在牛背上，啄吃寄生虫；忽而在海边吮吸贻贝。贻贝的壳很坚硬，乌鸦就叼起来飞到半空中，一张嘴，让贻贝掉落在地上，壳就被摔碎了。乌鸦最喜欢的点心是核桃，秋季，它们可以一饱口福，还想到为寒

冷的冬季留些储备。它们拾一些核桃，细心地埋在地里，如察觉可能暴露，便转移到另一个地方，有时会转移好几次。乌鸦记忆力极佳，能轻而易举地找到埋藏的核桃。偶尔也有被遗忘的核桃，它们会发芽长出一棵棵核桃树。无意中，乌鸦在帮助人类植树造林！

乌鸦主要活动的范围在乡村，秃鼻乌鸦也飞到城市觅食：公园里的水果，垃圾堆里的残渣剩饭，都是它们的食物。

乌鸦酷爱体育活动，居伊·雅里先生谈到这一点兴奋不已：“这种鸟儿可以说是名副其实的运动员。我好几次看到，一只乌鸦叼起一块塑料，疾飞中张开嘴，另一只乌鸦接住，再传给下一只，就像橄榄球运动员在传球！实在太神奇了！”有些胆大的乌鸦喜欢表演空中特技：只见它们直冲云霄，再突然自由落下，时速可达每小时约200千米；然后或翻转，或仰天飞，做出各种令人惊叹的动作。它们一边做动作，一边还叽叽喳喳愉悦地叫着。

居伊·雅里先生令人信服地证明，乌鸦绝不是窃贼，它聪明、活跃、易于交往，理所当然地应该受到人类的爱护。